本书的出版得到“教育部人文社会科学研究青年基金项目”（18XJC790016）的资助

经济增长与环境治理：

一个新政治经济学分析框架

颜洪平／著

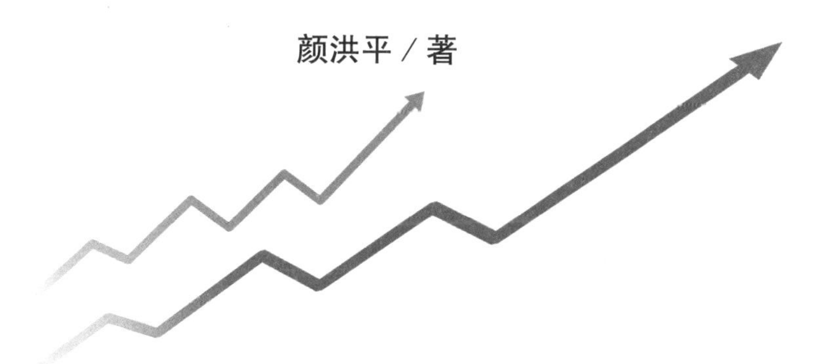

JINGJI ZENGZHANG YU HUANJING ZHILI :
YIGE XINZHENGZHI JINGJIXUE FENXI KUANGJIA

四川大学出版社

项目策划：唐　飞
责任编辑：唐　飞
责任校对：王　锋
封面设计：墨创文化
责任印制：王　炜

图书在版编目（CIP）数据

经济增长与环境治理 ： 一个新政治经济学分析框架 / 颜洪平著． — 成都 ： 四川大学出版社， 2018.12
ISBN 978-7-5690-2655-9

Ⅰ．①经… Ⅱ．①颜… Ⅲ．①中国经济－经济增长－关系－环境保护－研究 Ⅳ．①X-12

中国版本图书馆 CIP 数据核字（2018）第 287311 号

书名　经济增长与环境治理：一个新政治经济学分析框架

著　　者	颜洪平
出　　版	四川大学出版社
地　　址	成都市一环路南一段 24 号（610065）
发　　行	四川大学出版社
书　　号	ISBN 978-7-5690-2655-9
印前制作	四川胜翔数码印务设计有限公司
印　　刷	四川盛图彩色印刷有限公司
成品尺寸	170mm×240mm
印　　张	9.25
字　　数	237 千字
版　　次	2018 年 12 月第 1 版
印　　次	2019 年 7 月第 1 次印刷
定　　价	45.00 元

◆ 读者邮购本书，请与本社发行科联系。
电话：(028)85408408/(028)85401670/
(028)86408023　邮政编码：610065
◆ 本社图书如有印装质量问题，请寄回出版社调换。
◆ 网址：http://press.scu.edu.cn

四川大学出版社
微信公众号

序

2018年是中国改革开放四十周年。从1978年到2018年，中国经济经历了40年的高速增长，创造了世界历史上的增长奇迹。经济的高速增长减少了贫困，丰富了物质生活，加速了城市化进程。与此同时，我们也要清醒地看到，在经济高速增长过程中出现了大量的安全生产事故、环境污染、土地违规使用、寻租腐败、房地产泡沫等比较严重的问题。为什么以地区竞争为动力的增长机制不能有效地减少矿难、污染和腐败呢？如何在一个统一的理论框架下解释“高增长”与“多事故”的并存并提出解决办法呢？这是值得所有中国学者关心的政治经济学问题。

2006年，我和李金波在《经济学（季刊）》上发表了一篇论文《政企合谋与经济发展》，首次提出了用地方政府和企业合谋的分析框架来解释“高增长”和“多事故”并存的现象。我们的分析框架采取了组织经济学中经典的合谋模型，并根据中国的制度背景进行了拓展和应用。之后，我与合作者采取地方政企合谋分析框架研究了中国的矿难问题和高房价问题。国内一些优秀的青年学者开始采取这一框架研究土地违规使用和偷税漏税问题。实际上，最适合用地方政企合谋分析框架研究的问题是环境污染问题。其原因是：第一，环境污染问题非常普遍，而且每一起环境污染案件的背后，几乎都有地方政府与企业合谋的影子；第二，环境污染是一个很容易验证的事实，它不同于偷税漏税、腐败等合谋行为。因此，我一直期待学术界有人能够用地方政企合谋框架分析环境污染问题，其将有效地拓展这一框架的学术价值。

幸运的是，我看到了海南大学颜洪平副教授的专著。他以博士论文为基础，结合教育部人文社会科学研究青年基金项目的成果，形成了目前的专著《经济增长与环境治理：一个新政治经济学分析框架》。这本书采取地方政企合谋的分析框架，利用1997—2014年30个省份的面板数据，采用固定效应模型与分位数回归两种方法，定量分析了地方政企合谋对环境污染的影响，并且发现了一些有意义的结论。这包括以下几个方面：①地方政企合谋每增加1%，工业二氧化硫和工业废水排放量分别增加0.0287%和0.0244%；②政绩考核中GDP指标所占比重越大，地方政府越有动力与排污企业合谋；③财政分权程度越高，地方政企合谋的可能性就越大；④在地方政府官员任期的不同阶段，地方政企合谋发生的概率不同；⑤在东中西部不同区域，地方政企合谋都加剧了区域的环境恶化，但存在区域性差异，中部地区影响显著，东部地区次之，西部地区最不明显。其原因是中部地区处在追赶东部发展水平的阶段，地方政府与排污企业合谋动机较强，而西部地区经济基础弱，产业污染源少。颜洪平博士的专著丰富和拓展了地方政企合谋框架的应用，对于我们理解环境污染问题具有重要的理论价值。

除了上述研究议题外，我觉得还有一些议题值得继续深入研究。例如，官员的政治关联是否会加剧地方政企合谋的倾向？国企、民企和外企在参与地方政企合谋方面是否有显著差异？大众传媒以及公众教育水平对于地方政企合谋是否能够起到削弱作用？这些问题不仅适用于环境污染研究，也同样适用于对所有地方政企合谋现象的研究。环境污染问题确实是一个极好的切入点和样本。我期待颜洪平博士在今后的研究中取得更多高水平的成果。

党的十九大将防范化解重大风险、精准脱贫、污染防治列为全面建成小康社会的三大攻坚战，可见解决环境污染问题已经到了刻不容缓的地步。环境保护，人人有责。对于学者来说，首先要从理论上深入研究环境污染的制度背景和具体机制，然后基于学术研究提供有价值、能操作的政策建议。从这个角度来讲，本书的研究结论还具有显著的政策含义。当然，地方政企合谋只是环境污染的一个重要原因。除了地方政企合谋外，我们也看到一些地方以政企合作的方式共同整治环境污染，这正是希望所在。

聂辉华

中国人民大学国家发展与战略研究院

常务副院长、经济学院教授

2018年11月15日

目　录

第1章　绪　论

1.1　研究背景

随着经济的发展，生态环境受到影响成为当前中国社会面临的问题之一。近年来，雾霾和酸雨等大气污染现象在部分城市已成常态，较大的水污染事故也层出不穷，森林遭到破坏，土地荒漠化加重，而人均 GDP 的增长使得人们对优质环境的需求不断增加，形成了一个较大的社会矛盾。为了有效促进环境质量的改善，党的十八届三中全会通过《中共中央关于全面深化改革若干重大问题的决定》，对经济社会进行“五位一体”的体制改革，内容涵盖政治、经济、文化、社会和生态文明建设等领域，将生态环境保护引入官员考核制度，加大环境保护指标的权重；独立环境监管，加强行政执法；促进环境信息公开，增强社会监督。2015 年出台的新的《中华人民共和国环境保护法》中，对于那些给生态环境造成严重损害的责任者制定了严格的赔偿制度，对于违法的个人将追究其刑事责任。地方政府降低环境规制，主要源于获取财政收益和晋升机会，财政分权理论和晋升锦标赛理论为地方政府的行为提供了很好的解释。地方政府与排污企业合谋带来了“利益链”，此时地方政府难以履行好环境监管的职责，在出现环境污染事故时可能成为排污企业违规排放的“保护伞”，默许其采用“非环保”的生产方式进行生产，使得环境保护受到较大影响。

本书从地方政企合谋的视角出发，对区域环境污染问题进行分析和研究，主要基于以下三个方面的背景。

1.1.1　经济高增长与环境高污染并存

改革开放以来，我国经济取得了长足的发展，成功跨入中等收入水平国家的行列。但环境污染问题伴随经济增长过程而来，京津冀及其周边地区的雾霾显示城市大气污染非常严重，并进一步从城市不断向农村蔓延，大量的河流湖泊遭到污染，农药和化肥的使用也加剧了水体污染，如水域富营养化或饮用水源硝酸盐含量超标。生态环境遭受较大程度的破坏，林地被侵占，草原退化越来越严重，土地沙漠化更加普遍，大量的野生动植物受到不同程度的威胁，有些甚至濒危或灭绝。这种“高增长”与“高污染”并存的现象，给我国经济和社会的可持续发展带来了干扰，全面建成小康社会也会出现质量上的隐忧。中国是一个制造业大国，处在产业链的中低端，要想引领制造业向产业链高端提升还需时日，大量的加工制造废物加剧了环境污染。目前世界经济下行，中国处在“调结构”和“稳增长”的重要时期，改善环境存在一定的困难。

1.1.2 地方环保主体责任意识有待增强

中国作为制造业大国，处于产业链中低端，长期以粗放型经济发展方式为主，使得环境污染问题日益严重，这种情况在环境库兹涅茨曲线（EKC）上也能很直观地反映出来。倒U形曲线显示，经济增长的早期，环境污染会越来越严重，当经济发展到一定时候，环境污染程度才会有所下降，这是一种客观规律。环境污染问题出现的主要原因是采取了粗放型的经济发展模式。在我国长期以来，粗放型的经济发展模式是主流发展模式，产业结构以劳动密集型产业和资源密集型产业为主。地方政府在一定程度上扮演着理性经济人的角色，受到财政分权和地方官员考核制度的影响，为了保持地方经济的快速增长，放松对排污企业的监管，默许其采用非环保的生产方式，可能出现以牺牲环境来换取短期经济增长的情况。自2015年年底以来，中央环保督察问责逾万人，较能说明地方政府在履行环保监管职责时，与中央要求和群众期盼仍有较大的差距，地方政府环保主体责任意识需要进一步加强。

1.1.3 中国新型政商关系尚待构建

自古以来，政企关系有着很深的渊源，而且中国的企业往往依附于政府而存在，改革开放四十年来情况有所改观，但政府的过多干预依然存在，寻租腐败现象依然非常突出。为了减少政府对市场的过多干预，党的十八届三中全会提出市场要在资源配置中发挥决定性作用，进一步明确了政府和市场的边界，简政放权，使政府的功能向服务型方向转变，激发市场的活力。2016年“两会”期间，习近平总书记提出构建“亲”和“清”的新型政商关系，目的主要有三个：一是防止官商勾结、官员以权谋私、权钱交易。近年来，中央出台相关规定规范了在岗党政领导干部和离退休领导干部在企业兼职的问题，并在上海等五个城市试点，规范领导干部配偶及其子女经营企业行为。二是强调政府对地方企业要做好服务工作。官员不能懒政怠政，对企业家要多关心，更多地从管理者向服务者转变，为企业发展做好服务，有针对性地提供帮助，政府官员履行好应尽的义务。三是树立交往的准则和尺度。官商之间并非不能交往，交往要有道，相敬如宾，在“亲”和“清”两个字上下功夫。所谓“亲”，是领导干部要多去了解企业的情况，对企业尤其是民营企业要多关心、多支持，帮助其解决实际困难；而民营企业家要主动与地方政府官员沟通，讲实话，支持地方整体经济的发展。所谓“清”，是地方官员同民营企业家的关系要清白，没有权钱交易，民营企业家也要洁身自好，遵纪守法，光明正大地经营企业。2016年4月，北京大学发布第一份《“新型政商关系”研究报告》，报告为企业家们提出了要有“底线意识”等七条建议。新型政商关系的构建，有利于净化政治生态环境，使地方政府给予企业更多的帮助，为民营企业发展创造公平的竞争环境，为全面激发社会主义市场经济活力提供更好的制度保障。

1.2　研究意义

生态文明建设是党的十八届三中全会提出的“五位一体”中的重要一环。习近平总书记强调“绿水青山就是金山银山”的理念，多年环境治理依然难以遏制住环境恶化的趋势，此问题的症结值得广大学者积极探究。本书基于地方政企关系这一新视角，系统进行地方政企合谋影响环境污染的理论分析和实证检验，并提出破解地方政企合谋的政策建议，具有较强的理论意义和现实意义。

1.2.1　理论意义

1）拓展组织内合谋理论在环境污染问题中的应用

本书基于梯若尔（Tirole）和拉丰（Laffont）在组织内合谋理论中提出的“委托人—监督者—代理人”（P—S—A）理论框架，从地方政企合谋的视角对中国环境污染问题进行理论分析，构造了一个P—S—A三层博弈理论模型。

2）为研究环境污染问题提供了新的视角

以往对于环境污染问题更多的是从污染外部性的视角分析环境污染产生的原因，解决的方法主要是外部成本内部化。其前提条件是环境问题规制者——地方政府是公共利益的代表，现实中地方政府符合理性经济人假说的条件。把握住地方政府与排污企业合谋这一问题似乎抓住了环境治理的关键，打破这一合谋机制将成为解决环境问题的金钥匙。

3）为我国环境污染问题的新政治经济学解释提供了微观基础

本书研究中央政府、地方政府与排污企业的博弈，这为我国环境污染问题的新政治经济学解释提供了微观基础，也是组织间合谋理论在政治经济学领域的拓展。

1.2.2 现实意义

1）有利于加强生态文明建设

环境问题是当前我国面临的一大难题，它不仅带来巨大的经济损失，还危害经济社会的可持续发展，引起广大民众的不满。环境问题已经引起了党和中央政府的关注，党的十八大报告已明确未来经济建设要重视“五位一体”。《中华人民共和国国民经济与社会发展第十三个五年规划纲要》中明确提出“创新、协调、绿色、开放、共享”五大发展理念，用了非常大的篇幅来阐述资源与环境问题。绿色发展是我国未来可持续发展的目标，是马克思主义生态文明理论的中国化，有利于解决经济与社会发展中存在的突出问题，为人民美好生活创造更好的条件。

2）有利于指导不同经济发展水平地区的环境治理

基于我国各区域资源和发展的差异，本书深入分析了东中西部不同地区地方政企合谋对环境污染的影响，得出相关结论，为中央政府推行差异化的区域经济政策、减少地方政企合谋对环境的破坏提供经验证据。

3）有利于推进行政管理体制改革

本书研究的出发点是如何破解地方政企合谋，使地方政府更快地从“掠夺之手”向“扶持之手”转变。地方政府参与合谋的动力因素主要是获取更多的财政利益和晋升机会，中央政府通过推进行政管理体制改革，弱化地方政企合谋的动力机制，使得地方政府从合谋中退出，回归公共利益本位。

1.3 研究目标、研究内容和拟解决的关键性问题

1.3.1 研究目标

目标之一：提出地方政企合谋的基本内涵、基本框架，并分析地方政企合谋的制度背景；指出我国采用市场化手段治理环境的缺陷，基于地方政府理性经济人的角色，揭示我国环境治理面临的挑战。

目标之二：从理论上分析地方政企合谋与环境污染之间的内在逻辑关系，

基于影响地方政企合谋的动力机制，提出地方政企合谋影响环境污染的作用机理，通过“委托人—监督者—代理人”（P—S—A）框架构建博弈理论模型对作用机理进行求证，提出相关命题。

目标之三：运用普通面板数据模型和分位数回归两种方法实证检验地方政企合谋对环境污染的影响；基于区域性差异，分析不同地区地方政企合谋对环境污染的影响。

目标之四：通过政策设计，研究如何破解地方政企合谋，构建健康、和谐的地方政企关系，使地方政府回归本位，做合格的环境问题规制者。

1.3.2 研究内容

本书基于影响地方政企合谋的动力机制，力图构建统一的“委托人—监督者—代理人”（P—S—A）分析框架，从理论分析、实证检验、区域性差异分析和政策建议4个层面，深入分析地方政企合谋对环境污染的影响机制和破解机制。具体研究内容如下。

1）地方政企合谋的基本含义界定，基本框架和制度背景分析

地方政企合谋是本书的核心概念，需要对其进行严格界定。地方政企合谋是地方政府与企业合谋的简称，是一种特殊形态，并非地方政企关系的全部。地方政企合谋包括但不限于官商勾结，更强调地方政府行为而非地方官员个人行为。根据现有研究“组织内合谋”提出的“委托人—监督者—代理人”（P—S—A）理论框架，结合环境污染问题，构建“中央政府—地方政府—排污企业”三层委托代理结构，分析地方政企合谋影响环境污染和如何防范合谋等问题。同时，本书介绍了我国相关的制度背景，主要从财政分权制度、地方官员政绩考核制度以及政治周期等方面进行介绍。

2）我国环境污染总体状况和环境治理过程中面临的挑战

分析我国环境污染总体情况有助于把握环境污染总体趋势，分析当前环境治理过程中面临的挑战，主要是指出当前将环境污染作为一个外部性问题解决的思路和缺陷。

3）地方政企合谋影响环境污染的理论分析

理论部分主要介绍地方政企合谋的动力机制、地方政企合谋对环境污染的作用机理以及P—S—A理论模型构建三个方面。地方政府参与合谋的动力主要来自财政利益、晋升激励和租金收益，这三个因素构成了地方政企合谋的动力机制。地方政企合谋影响环境污染的作用机理包括直接影响和间接影响两个部分：直接影响主要是对排污企业放松环境规制从而增加污染；间接影响主要

是指地区环境规制力度下降导致更多的排污企业进入，进一步增加了污染量。为了对理论部分提供更严谨的分析，本书在 P—S—A 框架下构建了地方政企合谋影响环境污染的理论模型，分析中央政府、地方政府与排污企业之间的博弈，通过求解博弈结果，对地方政企合谋影响环境污染的作用机理进行论证。

4）地方政企合谋影响环境污染的普通面板数据分析和分位数回归分析

本书主要采用面板数据模型和分位数回归两种方法对地方政企合谋影响环境污染进行实证检验。前者在进行理论阐述和理论假说的基础上，通过介绍变量选择、数据来源和研究方法，运用面板数据模型对理论假说进行了实证检验，得出相关结论。而分位数回归有助于更精确地描述地方政企合谋对环境污染的变化范围、条件分布形状的影响情况，控制个体的异质性，在条件分布不同分位点即不同的污染水平下实证分析地方政企合谋对环境污染产生的影响，使模型的结论更加全面，更具科学性。

5）地方政企合谋影响环境污染的区域性差异分析

我国不同区域的资源禀赋、经济发展水平、地方政府的目标函数和公众对环境的需求存在较大的差异，地方政企合谋对环境污染产生的影响也可能存在区域性差异。基于此，本书介绍了我国东中西部三个区域的环境污染状况、计量模型设计、数据来源和研究方法，分析了我国东中西部不同地区地方政企合谋对环境污染的影响，剖析地方政企合谋影响环境污染的区域性差异，进而得出相关结论。

6）为破解地方政企合谋，构建和谐健康的地方政企关系，提出相应的政策建议

基于理论与实证分析中的研究结论，从多领域的体制改革方面提出相应的政策与制度创新建议，破解环境污染中的地方政企合谋行为，构建和谐健康的地方政企关系，使地方政府回归环境规制者本位，促进经济与环境协调可持续发展。

1.3.3 拟解决的关键性问题

本书基于影响地方政企合谋的动力机制，构建“委托人—监督者—代理人”（P—S—A）分析框架，从理论建模、实证检验、区域性差异分析和政策建议 4 个层面，深入分析地方政企合谋对环境污染的影响和破解机制。本书拟解决的关键性问题是理论建模部分，包括作用机理分析和理论模型构建，这是本书实证检验和区域性差异分析的基础，也是政策建议的理论依据。本书认为，地方政府参与合谋的动力因素包括财政收益、晋升激励和租金收益，动力

因素能够助推地方政企合谋，进而加大环境污染物的排放量。地方政企合谋对环境污染产生直接影响和间接影响，地方政府降低环境规制，直接加大了排污企业的污染物排放量，而辖区内环境规制降低，会吸引新的排污企业进入，间接加大了工业污染物排放量。模型构建部分构建了 P—S—A 博弈理论模型，分析了中央政府、地方政府与排污企业之间的博弈，采用逆向归纳法对博弈模型求解，对提出的作用机理进行论证，提出严谨的命题。这些问题的解决，使得地方政企合谋与环境污染的内在逻辑关系更为清晰，为实证研究提供了基础，也为政策建议提供了严谨的理论依据。

1.4 研究思路、研究方法和技术路线

1.4.1 研究思路

本书在回顾相关文献的基础上进行研究述评，指出其中的不足，提出自己研究的起点，明确本书研究的基本方向和研究重点。然后，提出地方政企合谋的含义、基本框架及相关的制度背景，介绍我国环境状况和环境治理面临的挑战。接着，对地方政企合谋与环境污染问题进行理论分析，基于影响地方政企合谋的动力机制，提出地方政企合谋影响环境污染的作用机理，借助“委托人—监督者—代理人”（P—S—A）框架构建博弈理论模型，分析中央政府、地方政府与排污企业之间的博弈，通过逆向归纳法求解博弈树，对作用机理进行论证，并提出相关命题。在理论分析的基础上，运用普通面板数据模型和分位数回归两种方法对提出的理论假说进行实证检验，并基于区域的差异深入分析了我国东中西部不同地区地方政企合谋对环境污染的影响。最后，基于本书的主要结论，从多领域的机制体制改革中提出破解地方政企合谋的政策建议。

1.4.2 研究方法

在研究方法上，本书采用标准的经济学方法，定性和定量、规范与实证相结合。具体来说，主要采用以下四种研究方法。

1）博弈论的方法

在“委托人—监督者—代理人”（P—S—A）框架下构建地方政企合谋影响环境污染的理论模型，分析中央政府、地方政府与排污企业之间的博弈，通过逆向归纳法求出均衡解，论证了地方政企合谋影响环境污染的作用机理。

2）计量经济学的方法

本书在理论分析的基础上，用普通面板数据模型和分位数回归两种理论假说进行了实证检验。同时，基于区域经济的角度，分析了我国东中西部不同地区地方政企合谋对环境污染的影响，剖析了地方政企合谋影响环境污染的区域性差异。本书运用 Eviews 和 Stata 计量经济学软件，对实证分析过程的数据进行了处理。

3）定性分析地方政企合谋影响环境污染的作用机理

基于影响地方政企合谋的动力机制，提出了地方政企合谋影响环境污染的作用机理。同时，提出地方政企合谋对环境污染产生的直接影响和间接影响，地方政府降低环境规制，直接加大了排污企业的污染物排放量，而辖区内环境规制降低，会吸引新的排污企业进入，间接加大了工业污染物的排放量。

4）规范分析破解环境污染中地方政企合谋的政策建议

提出优化顶层设计，弱化地方政企合谋的动力机制；培育第四方监督，加强地方政府行为的软约束；加强跨区域环境治理，追究地方政府的责任；推行差异化的区域经济政策。规范分析的目的是提出政策建议，破解地方政企合谋问题，构建和谐健康的地方政企关系。

1.4.3 技术路线

本书的技术路线如图 1.1 所示。

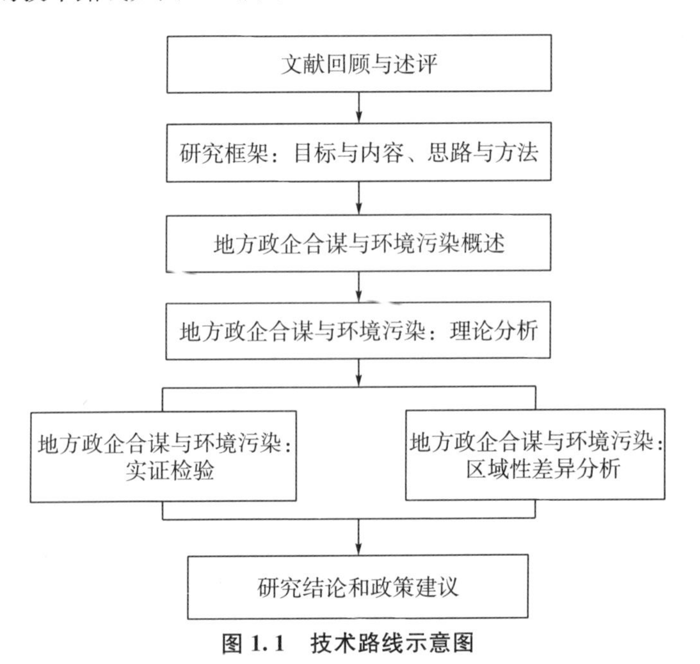

图 1.1 技术路线示意图

1.5 研究创新

本书基于影响地方政企合谋的动力机制，构建了统一的“委托人—监督者—代理人”（P—S—A）分析框架，从理论分析、实证检验、区域性差异分析三个方面深入分析了地方政企合谋对环境污染的影响，并提出了破解地方政企合谋的政策建议。本书的创新之处主要体现在以下三个方面：

（1）基于影响地方政企合谋的动力机制，提出了地方政企合谋影响环境污染的作用机理，并借助“委托人—监督者—代理人”（P—S—A）框架构建博弈理论模型进行论证，为分析地方政企合谋与环境污染之间的内在逻辑关系提供微观基础。现有文献很少提及地方政企合谋影响环境污染的作用机理，少许文献将地方政企合谋等同于寻租腐败进行分析，但地方政企合谋并不总是腐败行为，地方政府获取的更多的是财政收益和晋升机会。本书认为，地方政府参与合谋的动力因素包括财政收益、晋升激励和租金收益，动力因素能够助推地方政企合谋，进而加大环境污染物的排放量。地方政企合谋对环境污染产生直接影响和间接影响，地方政府降低环境规制，直接加大了排污企业的污染物排放量，而辖区内环境规制降低，会吸引新的排污企业进入，间接加大了工业污染物排放量。通过理论分析，使得地方政企合谋与环境污染的内在逻辑关系更为清晰，为实证研究提供了基础，也为政策建议提供了严谨的理论依据。

（2）在研究方法上，本书采用普通面板数据模型和分位数回归两种方法，实证分析了地方政企合谋对环境污染的影响。前者对理论部分进行实证检验，后者从条件分布不同分位点（不同的污染水平）分析地方政企合谋对环境污染的影响，结合两种分析方法，得出了更加完整的结论。现有研究主要采用普通面板数据模型，而分位数回归有助于更精确地描述地方政企合谋对环境污染的变化范围、条件分布的影响，控制个体的异质性，在条件分布不同分位点（不同的污染水平）实证分析地方政企合谋对环境污染产生的影响。因此，采用普通面板数据模型和分位数回归分析相结合，能够更加全面地分析地方政企合谋对环境污染的影响，使模型的结论更加全面，更能体现科学性。普通面板数据模型回归表明，地方政府与排污企业合谋造成了环境恶化，且合谋随着财政分权程度的提高而增强。而分位数回归结果发现，不同分位数水平下地方政企合谋均增加了工业废水的排放量，但对工业二氧化硫排放量的影响存在较大差异，在工业二氧化硫处于中轻度污染水平时，地方政府易于与排污企业合谋，增加工业二氧化硫的排放；而在工业二氧化硫处于高污染水平时，中央政府加强了对空气污染物排放的监督，地方政企合谋风险增加，合谋行为减弱，从而抑制了工业二氧化硫的排放。

（3）基于区域经济的角度，分析了我国东中西部不同地区地方政企合谋对环境污染的影响，剖析了地方政企合谋影响环境污染的区域性差异，为中央政府推行差异化的区域经济政策、减少地方政企合谋对环境的破坏提供了经验证据。我国不同区域的资源禀赋、经济发展水平、地方政府的目标函数和公众对环境的需求存在较大差异，地方政企合谋对环境污染产生的影响也可能存在区域性差异。通过实证研究发现，在东中西部不同区域，地方政企合谋对环境恶化均具有正向作用，但存在区域性差异，中部地区影响显著，东部一般，西部最不明显。这表明，东部地区经济基础很好、产业结构优化，公众对好的环境质量需求较高且参与性较强，地方政府更加关注生态环境，谋求更高质量的经济增长，地方政企合谋行为逐步弱化，对环境污染的影响变小；西部地区经济相对落后，地方政府为了谋求经济发展，直接降低环境规制水平，环境污染受地方政企合谋影响很小；而中部地区经济基础较好，产业结构正处于转型升级阶段，不具有东部好的产业结构，也没有西部较低的环境规制水平，地方政府与排污企业合谋动机较强，对环境污染的影响较大。

第 2 章　文献综述

本章梳理了组织理论、环境污染经典假说和其他成因、地方政企合谋与环境污染等相关文献，并进行评述，找出了现有研究的不足，在此基础上提出了本书的研究起点，确定了研究方向和思路。

2.1　组织理论发展及其应用

2.1.1　委托代理理论

20 世纪 30 年代，企业所有权与经营权分离，考虑到信息不对称，美国经济学家伯利和米恩斯提出了委托代理理论。在信息不对称下存在道德风险，需要设计一套激励相容的机制，来保证代理人更好地工作，最终实现委托人和代理人风险共担、利益共享的目的。在现代企业制度建立的过程中，需要企业将所有权和经营权分离开来，背后的原因是专业化分工效率的提高、生产力的发展与社会分工的细化，使生产过程的管理需要职业化的管理者来代替委托人。这是效率提高的需要，但所有者与经营者的效用函数差别很大，经营者会利用信息不对称做一些对所有者不利的决策。从以上情况可以看出，委托代理关系中代理人具有信息优势，其行为不会被委托人看到，委托人不直接参与经营管理，代理人是理性经济人，有逆向选择和道德风险的可能。解决委托代理问题的有效方法是设置一套有效的机制，满足委托人和代理人的需求，实现激励相容约束。基于信息经济学和交易成本理论，委托代理理论取得了一定的理论创新，通过设置合理的方式来激励代理人。这样的激励方式主要包括两种，即显性激励和隐性激励。

（1）显性激励方面。显性激励主要是给予经济上的奖励，代理人通过努力工作获得更多的经济回报。莫里斯等认为，委托人可以设置合理的契约给予代理人创造的经济绩效以一定的分成，这在信息不对称情况下是一种有效的激励，现代企业中股份制企业经常会采取这样的方式进行激励。Akhian 和 Demsetz（1972）[1]认为，如果采取了这样的激励方式，由于现实中企业经营管理需要团队合作，此时确定单个成员工作的努力程度非常困难，团队成员容易存在机会主义。此时，监督者的引入可以解决这一问题，监督者的动力来源于剩余索取权。Jensen 和 Meckling（1976）[2]认为，经营者拥有剩余索取权可以解决企业的委托代理问题。斯蒂格里茨等学者也支持这一观点。

（2）隐性激励方面。隐性激励方式相对隐蔽，不像显性激励那样容易被代理人直观了解到。20 世纪 80 年代以来，委托人对代理人设置的隐性激励方式主要有个人声誉和公司控制权等方式。Fama（1980）[3]认为，代理人尽力工作与其市场价值评估有关，代理人取得较好的业绩能够提高其市场价值，因此委托人不需要设置好的显性激励，代理人为了自身的市场价值也会努力工作，提高个人的市场声誉，有助于未来薪酬的提高。Holmstrom（1982）[4]认为，代理人如果出现偷懒行为会被记下重重的一笔，对其未来的职业发展非常不利，会影响到在已有企业内部的晋升，一旦离开原有企业，受雇佣的机会就会减少。Harris 和 Raviv（1988）[5]认为，证券上市公司的代理人必须努力工作，才能获得承受经营风险的人更多的选票，接管公司更好的控制权，否则将失去对企业的控制权，这也是一种隐性激励手段。

2.1.2 组织间合谋理论

合谋理论是激励理论的一个分支，早期研究主要集中在组织间企业形成的价格合谋，后出现在拍卖和决策领域。经济学上的卡特尔组织是一种价格竞争中出现的合谋。Chamberlin（1929）[6]研究寡头垄断市场中同类产品价格战带来的残酷性，企业选择纯粹非合作的方式形成默契合谋，都坚持垄断价格。在后续的研究中，Chamberlin（1933）[7]、Bain（1956）[8]、Telser（1960）[9]、Stigle（1964）[10]、Orr 和 MacAvory（1965）[11]做出了较大的贡献。在博弈论引入合谋理论以前，这些研究主要采用静态方法，通过分析市场集中度、产品多样性和成本差异等方面研究价格合谋的存在性和非稳健性。而采用博弈论方法后，研究价格合谋主要围绕动态博弈框架进行。Friedman（1971）[12]和 Abreu（1986）[13]认为，合作均衡的实现条件是多样化的，冷酷或者温和的方式都可能促成厂商间的合谋。均衡结果太多，需要进一步精炼，学者们开始寻找聚点均衡。此时，很多文献研究合谋的商务实践模型化，部分学者证明在一些条件下重复博弈可以实现价格提前变动，如 Rotemberg 和 Saloner（1990）[14]证明在信息不对称情况下，通过重复博弈，可以实现产品差异化寡占行业的价格领导。另一些学者基于信息经济学的视角，研究交货后的定价和转售价值维持过程中，如何防止合谋形成的逆向选择和道德风险等问题。Stigler（1968）[15]认为，地理分布引起产品需求改变，次点定价虽是次优选择，但可以成为一个合谋方案。Benson（1990）[16]从合谋的稳定性方面考虑，认为基点定价可以减少执行成本，对稳定性有利。Mathewson 和 Winter（1988）[17]认为，制造商卡特尔或销售商卡特尔这两种假设转售价格维持成为合谋的商务实践。以上这些利用重复博弈解释影响合谋生成与稳定性的因素非常直观，容易理解。重复博弈分析框架还可以解释一些传统观点，比如集中度高有利于合谋，长期信息滞后和不经常联系使得合谋具有非稳健性，而多市场接触能更好地促进合谋。

合谋理论还在拍卖和决策中得以发展。在拍卖理论中，拍卖品的性质和拍卖规则决定了合谋出现的可能性以及合谋的具体特征。卖主在限制卡特尔方面，可以使拍卖规则发生改变，通过确定与合谋集团保留价格同向变动来实现有效限制卡特尔的形成。密封拍卖中，拍卖人可以只公开赢家的身份而不公布报价多少，目的是破坏递交相同价格者的合谋。Zarkada Fraser 和 Skitmore（2000）[18]通过构建合谋理论模型解释了决策中合谋产生的原因，并从内外两方面对决策中的合谋问题进行了经验研究。

2.1.3　委托人—监督者—代理人理论

近期的合谋理论在不完全契约理论的发展下研究组织内合谋，以拉丰（Laffont）、梯若尔（Tirole）等人为代表，将合谋理论引入产业组织内进行研究，建立了“委托人—监督者—代理人”（P—S—A）一般分析框架。这一分析框架基于博弈论和不完全契约理论，主要研究产业组织内的激励问题，成为组织内合谋理论的研究范式，可以用于解释合谋的形成与防范、合谋的影响因素。

1）分析框架的提出

Tirole（1986）[19]研究范式中，建立了“委托人（Principal）—监督者（Supervisor）—代理人（Agent）”（P—S—A）双层代理结构。在这一特殊的委托代理结构中，委托人无法获取代理人的私人信息，必须建立最优资源配置，依靠监督者观察代理人信息，然后向委托人报告。梯若尔和拉丰建立了无合谋基准模型，分析了合谋行为形成的过程，并提出监督者与代理人信息存在不对称时监管具有一定的有效性，集权与分权情形下表现出结果的同一性，这种情况被称为“等同原理”。Baliga 和 Sjostrom（1998）[20]研究了委派问题，对于代理人的前提假设是风险中性，他们认为分权有助于防范合谋，实施防范合同，与拉丰等的等同原理观点表现出一致性。Celik（2001）[21]设定不同的信息结构来检验这一原理，监督者对于代理人类型有一定的观察，集权机制更有优势，但这些研究具有较大的不稳定性，是否超出基本分析框架也不确定。

2）合谋产生的类型

Laffont 和 Martimort（1998）[22]、Laffont 和 Martimort（2000）[23]对合谋类型进行具体化：第一类是代理人与代理人之间的合谋，代理人的效率往往不同，委托人不了解具体信息，面临效率低下问题，此时可能出现混同均衡；第二类是监督者和代理人之间建立合谋，拥有信息优势的监督者在激励不足时更容易出现这种合谋，监督者包括事中的监督者和事后的审计者。罗建兵（2006）[24]认为，除了代理人之间、监督者和代理人之间存在合谋以外，还存在第三种合谋类型，那就是委托人和监督者之间的合谋，在公司治理层面就是控股股东和管理层形成合谋。但在激励机制不健全的条件下，最容易合谋的类型还是发生在监督者和代理人之间。闫邹先等（2008）[25]认同 Laffont 和 Tirole 的理论，并认为互惠的存在是合谋产生的根本原因，信息不对称和不完全契约只能作为合谋产生的条件，但不能对合谋现象进行很好的解释。

3）合谋的防范方面

Tirole（1986）[19]认为合谋会对组织带来负面影响，造成组织效率的损失。为了提高组织的运行效率，必须要对合谋实行防范。Tirole 基于信息不对称情形下，分析如何防范 P—S—A 框架中监督者和代理人之间的合谋，提出主要可采用三种方式对合谋进行防范：一是委托人给予监督者更多的报酬；二是降低监督者与代理人之间因合谋带来的报酬；三是制造监督者与代理人合谋的障碍。委托人也可能提出一个更好的防范契约，增加监督者与代理人不合谋时的收益，这对代理人来说也是一种激励。Kofman 和 Lawarree（1993）[26]考虑审计过程中的合谋问题，提出外部审计的优势，认为代理人与内部审计合谋更为简单，因此委托人应考虑外部审计。Faure Grimaud、Laffont 和 Martimort（2000）[27]认为，合谋与代理人的风险爱好程度有关，也受到经济发展状况的影响，他们发现在“软信息约束下”，通过授权个别代理人可以建立防范合谋的有效机制。Laffont 和 Martimort（2000）[23]认为，监督分工对防范合谋有好处。Baliga 和 Sjostrom（1998）[28]、Faure Grimaud 和 Laffont（2003）[29]对集权和分权进行研究，认为分权可以有效防范合谋，认为一套良好的分权机制等价于最优的防范合谋的集权机制。孟大文（2007）[30]认为，Tirole 提出的防范合谋原理在非对称信息下只能实现防范部分合谋，并提出了非对称信息条件下政府采购机制的防范合谋设计。王加灿（2011）[31]主要从三个方面提出了防范合谋的基本框架：一是增加合谋的机会成本，降低合谋收益；二是通过激励机制的实施，提高代理人的素养来减少其合谋的愿望；三是加强企业内部的控制力度，减少合谋发生的可能性。他的第三个研究对策是对经典防范合谋理论的创新。陈志俊和邱敬渊（2003）[32]考虑委托人可以通过操作信息发布导致代理人之间信息不对称，提出了隐形歧视机制是防范合谋的最有效的机制。刘锦芳（2009）[33]在 Kofman 和 Lawarree（1993）[26]研究的基础上提出了防范合谋的囚徒困境模型，认为委托人弄清经营者类型是成功防范合谋的重要因素，有效防范合谋发生还需要把审计师的奖励限制在合理范围内。罗建兵（2006）[24]对合谋的生成和制衡机制进行了详细的研究，并从监督体系、激励机制和完善上市公司信息披露机制等方面提出了防范合谋的方法。

4）影响合谋的因素

谈判能力高低对合谋的生成与合谋租金的分配具有重要的影响。一般来说，委托人、监督者与代理人的谈判能力逐步递减，前者为后者提供合约。而合谋双方交易成本的大小决定信息租金的分配，平均交易成本较小时合谋更难以实施，边际交易成本较大时委托人增加产出。此外，信息类型也会影响合谋的形成，Cont（2001）[34]将信息分为三种类型：第一种是硬且不可伪造的信息，也就是监督者提供的信息可以证明，监督者不能伪造；第二种是硬且可伪造的信息，监督者拥有可证明的信息，也可以伪造信息；第三种是软且可以任意报告的信息，此时监督者无法证明信息，可以任意报告给委托人。从这三类信息来看，软信息最有利于监督者和代理人之间的合谋，硬且可伪造的信息次之，硬且不可伪造的信息最难。软信息下，监督者不清楚代理人的信息，委托人要想获取信息，成本非常高。因此可以得出结论，信息能否被验证决定了合谋的难易程度。

2.1.4　合谋理论在公司治理中的应用研究

近年来，国内外学者对于股份公司中控股股东和高管的合谋问题，借用“隧道效应”理论进行解释。

1）国外较早将合谋理论应用于公司治理中

Porta 等（1998）[35]、Johnson 等（2000）[36]提出了“隧道效应”理论，用来解释公司治理中存在的合谋问题。“隧道效应”理论是指控股股东与高管的合谋损害中小股东权益的现象，1997 年爆发的亚洲金融危机提供了许多反映“隧道效应”的鲜活案例[37]。这一合谋行为在发展中国家和发达国家都可能发生，而且并不违法。“隧道效应”理论提出以后，合谋理论从组织间开始向公司治理领域拓展[38]。在转型经济体中，公司治理中的“隧道效应”理论为合谋理论的研究提供了很好的素材。“隧道效应”分析了控股股东与管理层合谋掠夺的发生机制、掠夺手段和司法介入等方面，但对管理层合谋的研究较少，而这一研究不可缺少。另外，“隧道效应”理论考虑信息的作用和交易成本比较少。

在公司治理中，影响合谋行为的因素较多。Zimper 和 Hassanb (2012)[39]认为在市场有效条件下，公司市盈率波动性影响合谋行为，市盈率越高，合谋程度越低。Miguel 等 (2012)[40]认为，沟通机制可以帮助企业协调合谋定价，调解企业内部冲突。Bian 等 (2013)[41]认为，零售商的价格竞争而不是数量竞争容易导致上游企业合谋，管理层激励与上游企业合谋和下游企业竞争的本质属性有关。

2）国内应用合谋理论研究公司治理起步较晚

平新乔和李自然 (2003)[42]研究了中国上市公司信息披露中由于信息不对称，上市公司与中介的合谋问题，使得净资产收益率偏离实际情况，认为上市公司与中介合谋类似于控股股东和管理层合谋，通过设定临界点可以为后者研究提供借鉴，解释合谋为何发生。引入政府监管机构，加大对公司信息披露的监管稽查机制和报假事后的惩罚机制的构建有助于防范合谋。购买独立会计原则后报假区间是一个函数，此函数与稽查概率、惩罚力度和上市公司再融资资格有关，虚报是一种纳什均衡，其概率发生区间的下限由中介决定，上限由上市公司决定。刘俏和陆洲 (2003)[43]研究了公司的“隧道效应”并进行了实证检验，他们分析了控股股东对盈余管理是否存在“隧道效应”，证明盈余管理是控股股东侵害中小股东权益的关键步骤，并用中国企业的数据验证了“隧道效应”是盈余管理最基本的原因，应计利润总额与最大股东在公司的利益、高管人员的利益正相关，与董事会是否由 CEO 控制相关性强。

潘越 (2011)[44]研究指出，上市公司与机构投资者之间存在合谋行为。蔡宁和魏明海 (2011)[45]研究发现，减持股东容易利用股东间的合谋谋取收益，减持股东与第一大股东关系越密切，越有可能从合谋中获取坚持收益。部分学者认为，公司内部合谋损害中小股东利益的同时，影响了公司的运行效率。蔡庆丰和李鹏 (2008)[46]、严也舟和王祖山 (2009)[47]、窦炜 (2011)[47]、严也舟和李竞婧 (2012)[48]分别对投资经理人和公司经理人之间、大股东和管理层之间、大股东之间、控股大股东和管理层之间的合谋现象进行了分析，认为合谋现象损害中小股东和委托人利益，降低运行效率，造成股市低迷，大大降低了资本市场的运行效率。另外，窦炜（2011）[49]研究指出，大股东之间的合谋容易导致企业过度投资，并因此带来风险。

近年来，合谋理论在拍卖中开始应用。Sherstyuk 和 Dulatre（2008）[50]认为，在拍卖过程中容易出现投标人之间出现合谋行为。Dequiedt（2007）[51]、Aoyagi（2007）[52]、Fonseca 和 Normann（2012）[53]研究了如何实现合谋在拍卖机制中达到最优。Hu（2011）[54]、Aryal 和 Gabrielli（2011）[55]认为导致合谋出现的主要原因是信息不对称。

以上研究的合谋理论早期发生在组织间，更多的表现是垄断价格，后来在博弈论和不完全契约理论基础上，合谋拓展到了组织内，研究的是信息不对称下的激励问题。因此，理论上防范合谋的焦点是解决激励问题。对于转型期的中国，以博弈论和不完全契约理论为基础发展起来的合谋理论具有很大的应用前景。拉丰等对合谋理论的研究做出了开创性贡献，但其对于中国的应用价值还需要在实践中去检验。

2.2　环境污染经典理论假说

2.2.1　环境库兹涅茨曲线

国外对环境污染与经济增长关系的研究开始较早，并提出了具有标志意义的倒 U 形的环境库兹涅茨曲线（Environmental Kuznets Curve，EKC）。20 世纪 20 年代，环境污染被国外经济学家关注，但主要是从外部性的角度去考虑。经济发展水平较低时，经济与环境的关系问题没有引起学者的关注，直到 30 年代才有学者开始重视。到了 80 年代，国外学者们开始关注可持续发展，也开始重视环境问题，尤其是环境问题与经济增长之间的关系。马尔萨斯在《人口论》（1978）中提出人口增长影响经济发展，同时将环境资源放到经济增长和社会发展的分析框架，由于环境问题在 50 年代引起了社会的广泛争议，环境经济理论得以发展。Jones 和 Manuelli（1997）[56]基于代际交叠模型分析了环境污染与经济发展水平的关系，认为在经济发展水平较低时，由于居民消费水平低，环境保护治理投资的效用较低，但随着经济发展越来越快，人们开始追求更好的环境，环境保护治理投资的效用越来越高。Martinez Alier（1995）[57]将环境划分为环境奢侈品和环境必需品，前者需求收入弹性高，环境需求随收入增加变化大；后者需求收入弹性低，需求随居民收入增加变化不大。Magnani（2000）[58]认为，环境需求富有弹性，随着收入增加，环境需求增大，最后向环境友好型方向发展。Grossman 和 Krueger（1992）[59]的研究成果非常有影响力，其研究结论是在经济发展水平较低时，环境污染物的排放量随着经济增长而不断增加，但当经济发展到一定水平时，环境污染物的排放量开始下降，Panyotou（1993）[60]将这一结论描绘成一条倒 U 形曲线，即著名的环境库兹涅茨曲线。EKC 曲线反映了经济发展与环境污染的关系，已有研究对其进行了广泛的探讨。Grossman 和 Krueger（1992）[59]认为，环境污染物随着经济规模的扩大而不断增加，在经济规模达到一定程度时，由于技术进步导致单位经济产出排放的环境污染物不断减少，也就证明了 EKC 曲线的规律。还有一些学者从消费者对环境的需求、国际贸易、科技进步和政策导向等方面来解释 EKC 曲线。

在环境库兹涅茨曲线提出以后，国外学者们对这一曲线进行了实证检验。Fodha（2010）[61]基于 1961—2004 年的数据对突尼斯经济增长与环境污染之间的关系进行了实证研究，环境污染用的是二氧化碳和二氧化硫的数据，研究结果显示通过降低污染物排放量或者增加环境治理费用都不会影响经济增长。Criado、Valente 和 Stengos（2011）[62]利用欧洲 25 个国家 1980—2005 年氧化硫和氧化氮的面板数据，用新古典增长模型对污染物排放量增长率与经济增长率的关系进行研究，结果显示污染物增长率与产出水平正相关，而与污染物排放水平负相关，稳定的污染水平是保持经济增长率的必要条件。

国内学者对环境污染与经济增长关系的研究起步较晚，主要是围绕 EKC 曲线进行了研究。李周与包晓斌（2002）[63]基于我国废水排放数据和 GDP 数据对环境库兹涅茨曲线进行了估计，研究发现我国还没有达到倒 U 形曲线的转折点。刘小丽（2009）[64]利用二氧化碳排放和 GDP 的数据，研究了两者之间的关系，采用的方法是格兰杰因果检验和误差修正模型，结果表明经济增长能够增加二氧化碳的排放量，而且第二产业增长量的影响更加明显，呈现显著的正相关关系。郭军华和李帮义（2010）[65]利用 29 个省市人均实际 GDP 和环境污染的面板数据研究了两者的关系，采用单位根检验和协整分析方法，对造成环境污染的 5 种污染物排放指标做了分析。研究结果表明，工业废水与人均收入之间存在显著负相关关系，工业废气与经济增长相关性不强，工业固体废弃物与人均收入存在倒 U 形曲线关系。张娟（2012）[66]基于面板数据对污染物排放量与经济增长关系进行实证分析，研究结果符合环境库兹涅茨曲线的规律。从以上研究可以看出，结论出现一致或相互矛盾，原因在于环境污染指标的选取不同，采取不同的环境污染指标可能得出完全不同的结论。需要用综合性的环境污染指标研究其与经济增长的关系，才能得出与环境库兹涅茨曲线一致的结论。

2.2.2　污染避难所假说

Walter 和 Ugelow（1979）[67]、Walter（1982）[68]提出“污染避难所假说”（PHH）。该理论认为，产业发生区位转移与环境规制水平相关，高污染产业往往从环境规制高的地方转移到环境规制低的地方，发展中国家环境规制水平低，可能成为污染的避难所。Dean（1992）[69]、Copeland 和 Taylor（1995）[70]认为，发展中国家的环境治理费用较低将导致一些污染型企业聚集。Esty（1994）[71]认为，发展中国家降低环境规制水平的目的是招商引资，获得更多的外资进入，因此可能出现竞争到底的情况，使得该国出现更严重的环境污染。以上研究认为，环境规制的差异是导致污染产业转移，进而验证“污染避难所假说”的重要理论依据。

但是，有关“污染避难所假说”的经验研究却没有得出一致的结论。部分文献研究认为，跨国公司的区位选择或者外商直接投资（FDI）的流入与东道国的环境规制水平并无显著的相关性，“污染避难所假说”不成立。Javorcik 和 Wei（2001）[72]研究了一些发展中国家的外资进入与环境规制水平，结果发现两者具有相关性，符合“污染避难所假说”，但并不显著。Eskeland 和 Harrison（2003）[73]研究墨西哥等发展中国家发现，外资进入与当地的环境规制水平并不相关，与“污染避难所假说”完全不一致。

Lucas 等（1992）[74]研究了经济合作与发展组织（OECD）国家环境规制水平提高对发展中国家带来的影响，结果发现污染型企业向发展中国家进行转移，使得东道国的污染更为严重。Mani 和 Wheeler（1998）[75]认为，在污染型产业转移到东道国以后，东道国可以采取一些方法来减少这种负面影响，比如提高本国的技术水平、通过投资环境改善形成经济增长等，使得污染型产业没有机会生存与发展，自然“污染避难所假说”无法通过检验。Xing 和 Kolstad（2002）[76]以美国外资进入东道国污染密集型产业为例进行经验研究，结果发现东道国环境规制强度越强，美国外资进入越少，在污染密集度低的产业则不明显。Keller 和 Levinson（2002）[77]以美国各州作为样本进行面板数据分析，结果发现外资进入确实受到较高的污染治理成本的限制，即“污染避难所假说”在美国通过检验。

2.3 环境污染的其他成因

我国环境污染问题形成的原因是多方面的，从经济视角解释环境污染问题的，除了环境库兹涅茨曲线和“污染避难所假说”之外，还有学者从经济集聚、产业结构和技术进步等经济视角来解释。更多的学者把环境污染问题当作一个外部性问题来研究，Pigou（1932）[78]就提出环境污染是市场失灵的结果，认为外部性源于私人边际产品与社会边际产品的差异，此时边际收益与边际成本不对等造成市场失灵，资源不能得到最优配置，也就无法实现帕累托最优。霍斯特·西伯特（2001）[79]把环境当作公共资源，没有排他性，可以无限制被使用，此时必然存在拥挤现象，从而带来污染。杨凤娟（2007）[80]、栗凤娟和郭成苇（2005）[81]、王鹏飞（2007）[82]等用博弈论的方法分析了环境污染产生的原因，提出其根本原因是环境资源的产权、外部性和市场失灵。

诺斯（2008）[83]认为，制度是社会博弈规制，是人为设计的，是各利益主体互动关系的约束，其影响经济绩效无可争议。实际上，研究者在分析环境污染及其治理机制时常常忽略制度因素，前面提到的经济因素（如收入、FDI、产业结构、技术进步、产权交易等）对环境污染的影响很大，转变经济增长方式、优化产业结构、解决外部性问题等措施将产生一定的成效，而在环境监管上，需要环境规制者即地方政府有效落实好环保的主体责任。而地方政府具有自身的利益诉求，受到财政分权和晋升激励的影响，难以履行好环保的监管职责。因此，经济因素并不能脱离各国制度而独立对环境产生影响。政府对环境污染治理制定的政策是重要的制度安排，对环境质量影响很大。我国政府控制着大量的经济和社会资源，政府行为对资源的使用和市场运行都有着非常显著的影响[84]。如果分析环境污染问题忽略这些制度因素，将难以全面了解我国环境污染问题产生的真正根源，也就无法做好环境污染治理措施的改进。目前，学术界主要从以下几个方面分析制度因素对环境污染如何产生影响。

2.3.1 财政分权与环境污染

国外对财政分权与环境污染主要从四个方面进行研究：一是环境联邦主义；二是财政分权下“竞争到底”效应；三是财政分权与环境污染的溢出效应；四是财政分权下政府治理与环境质量。

1）环境联邦主义

从财政分权的角度研究环境问题的理论称为“环境联邦主义”，Oates 和

Schwab（1996）[85]的研究对环境联邦主义的基本思想阐述得很清楚。传统环境经济学基于福利经济学理论，假定政府都是仁慈的，承担环境治理的责任。现实中中央政府对环境治理具有指导作用，地方政府是真正的执行者，财政分权导致地方政府因环境偏好的差异而产生不同的影响。这些研究认为，环境问题由基层政府负责有助于将成本收益内部化。根据这一观点，地方政府不需要按照中央政府环境规制实施的统一标准，可以根据居民对环境质量的偏好和本地的经济实力来决定环境保护的力度，分权可以带来更好的社会福利。奥茨的分权理论极力主张应该由地方政府来做好地方环境治理，其观点也主要围绕居民的偏好更易于被地方获知。世界各国情况差别较大，采用集权或者分权对环境进行治理，部分是中央与地方进行谈判后共同确定地方的环境政策。

2）财政分权下“竞争到底”效应

财政分权下，当地区存在竞争时，地方环境质量较差，地方环境治理投资也较低。对这一问题的解释是，地方政府为了经济发展的需要，不断地降低环境规制标准，引发“竞争到底”效应[86]。Sigman（2007）[87]利用跨国数据实证分析了财政分权对水污染的影响，结果发现财政分权导致水污染更为严重，出现“竞争到底”效应。国家之间的竞争导致环境质量恶化，但对一个国家做经验分析，发现这种“竞争到底”效应并不明显[88]。Scott（2000）[89]认为，不明显的原因是部分企业并不把环境管制作为选址的重要条件，同时“竞争到底”效应使得地方需要更好的基础设施和医疗卫生条件，这些都增加了政府的管理成本，综合两个方面，对政府“竞争到底”策略是一种抑制。对于发展中国家的经济发达地区，由于产业结构优化，第三产业比重较高，“竞争到底”效应弱化，相反可能提高环境规制水平，改善环境质量。

3）财政分权与环境污染的溢出效应

环境污染存在溢出效应，因为工业废气扩散，工业废水会排放到流动的水体，这些对相邻地区的环境带来负的外部性，财政分权会提高地区的竞争效应，使得这种负的外部性更强，也降低了相邻地区的社会福利。Sigman（2002）[90]、Sigman（2005）[91]研究发现，美洲跨国河流和美国跨州河流的污染水平显著高于纯粹的国内河流和州内河流，此时辖区管理无效，需要中央部门统一管理。Helland和Whitford（2003）[92]对美国边界地区污染控制进行研究，发现美国各州并不严格管制边界地区的环境污染。Lipscomb和Mobarak（2007）[93]对巴西县级政府污染控制进行了经验研究，发现搭便车现象突出，财政分权提高了地区的污染水平。在这种情况下，Lockwood（2002）[94]研究认为公共产品具有负外部性，且对相邻地区带来溢出效应，地方政府考虑本地发展的需要容易忽视对环境的规制，此时分权带来不利影响，因而提出应该由中央政府统一提供公共产品，做好统一的环境规制，使得各地环境质量差异性减小。

4）政府治理执行、财政分权与环境质量

政府的治理执行受到诸多因素的影响，财政分权是否对环境污染造成影响与政府治理执行情况有关。Revesz（2001）[95]认为在财政分权下，利益集团能影响地方政府的环境政策，当利益集团的支出超过一定阈值时，中央政府环境政策对企业的发展更为有利。Farzanegan 和 Mennel（2012）[96]研究发现，腐败程度较高时，财政分权对环境质量产生负面影响，反之产生正面影响，说明腐败不利于环境治理。Assetto（2003）[97]从理论上证明政治体制对财政分权的影响，进而影响环境问题，即采用两者的交互作用分析对环境的影响。他认为，在政治体制向民主体制方向发生变化的过程中，地方政府有更多的权力。对比分析墨西哥和巴西的情况后发现，民主化的进程对于环境质量的改善不一定有用，民主可以提高地方政府的责任意识，但对环境质量的改善没有确定性，因为在民主体制不健全的国家财政分权可能不能促进环境质量的提高。

国内相关研究起步较晚，研究呈现如下特点：

1）多数学者对财政分权与环境污染的研究结果表现出一致性，即财政分权程度越高，环境污染越严重

杨瑞龙等（2007）[98]、闫文娟（2012）[99]、刘琦（2013）[100]、郭志仪和郑周胜（2013）[101]通过实证分析都证实了这一观点，并认为财政分权降低了地方政府对环境治理的投资，从而使环境恶化。李猛（2009）[102]采用联立方程的方法对财政分权与环境问题进行实证研究，发现两者之间存在显著的倒 U 形曲线关系。现阶段地方政府的人均财政能力与倒 U 形曲线的拐点值相差较大，地方政府的财政能力有限，监管环境存在一定的现实困难，中央应该给予地方更大的财政分成，使得地方有更大的财力，改变现有的粗放型经济发展方式。张克中等（2011）[103]从碳排放的角度研究财政分权对环境污染的影响，发现财政分权程度越高越不利于碳排放的减少，而不同的能源结构、地理区位和环境政策会造成一些差异。

2）部分学者指标设定多样，研究结果呈现多样性

薛钢和潘孝珍（2012）[104]分别研究了收入分权和支出分权对污染物排放规模的影响，研究数据是 1998—2009 年的省级面板数据，研究发现支出分权程度的提高减少了环境污染物的排放量，且表现出稳健性，而收入分权相关指标对污染物排放量不具有相关性。闫文娟和钟茂初（2012）[105]研究财政分权

与工业三废之间的关系，发现财政分权对工业废水和工业废气有显著的正向作用，即分权程度的提高增加了两者的排放量，但对固体废弃物的排放没有影响。收取排污费对环境污染的抑制并没有带来显著的影响，反而增加了污染物的排放，原因在于地方政府容易放松管制，目的就是让企业更多地排放污染物，以收取更多的排污费。

3）财政分权受中央政府的政策影响较大，有学者提出中央政府做好政策设计有助于改善环境质量

蔡昉等（2008）[106]认为，中央政府应推出有效的制度安排，用于激励地方政府做好减排工作。要转变经济增长方式、转变地方政府经济职能，要完善区域之间、中央政府和地方政府之间的转移支付，为落后地区提供物质支持，减少其想方设法提高经济增长而放松环境监管的可能性。张欣怡（2015）[107]主要从环境联邦主义角度研究财政分权对环境污染的影响，提出中央政府转移支付等三条途径有助于改善环境质量，并做了稳健性分析。

总之，国外对财政分权与环境污染的关系研究较多，理论框架比较成熟，主要以环境联邦主义为主，实证分析模型较多。国内研究起步较晚，主要是对国外的研究进行借鉴，研究的理论部分中财政分权对环境污染影响的传导机制涉及较少。实证分析中对于环境污染的跨区溢出效应研究较少，需要加强对跨区环境污染问题的研究。另外，提供好的环境质量是公共产品的范畴，地方政府也要加大环境治理的投入，担负起提供良好环境的公共责任。由于该公共产品具有溢出效应，因此需要加强中央政府的责任，做好激励政策设计。

2.3.2 晋升激励与环境污染

近十年来，新政治经济学领域出现了周黎安、张军、徐现祥、王贤彬等学者研究地方官员治理，成果颇丰。地方官员是地方政府的代表，作为理性经济人，地方官员有为增长而竞争的冲动，由于中央政府无法做到信息对称，地方官员在中央的激励和约束下有较强的独立精神来做好地方的经济发展和环境治理。部分学者研究地方官员晋升激励与环境污染的关系。冉冉（2013）[108]指出，中央政府考核地方官员的指标体系是对环境治理的重要制度性政治激励模式，具有“压力型体制”的特征，但环境治理情况对官员的绩效没有实质性关系，而且地方环境数据在地方官员的操纵下完全可能反映地方官员的意志，使他们没有动力去改善环境，数据的操纵也会造成地方政府公信力的流失。在对如何建立有效的激励上，黄万华（2011）[109]认为，对地方官员的政治激励约束机制是地方政府环境规制绩效的主要影响因素，做好激励与约束相结合的制

度安排是优化政府环境规制绩效的关键路径，建立一套政府、企业和社会大众利益协调一致的激励约束机制非常必要。于文超等（2015）[110]实证分析了地方官员政绩诉求对环境污染水平的影响，发现官员的政绩诉求使环境污染进一步恶化，在不同的区域和时间段都成立，而且在政府对资源配置干预越多的地区影响越显著。

有学者认为中央政府对地方官员进行科学化管理，对环境治理产生了一定正向作用。Huang Yasheng（2002）[111]认为，中央政府对地方官员主要采取显性管理和隐性管理两种模式，前者主要是通过经济发展指标来体现，后者主要是通过升级官员任政治局委员、任期管理或者异地任职等来体现。隐性管理模式在环境治理的实践中产生了一定的正向作用。孙伟增等（2014）[112]认为，地方官员的考核日趋科学化，将环境质量和能源利用效率纳入进来，对地方官员的晋升产生了一定的正向作用，在大城市和行政力量较强的城市更为显著。考核机制的变化能有效促进中国经济增长的可持续性，能帮助地方更早地跨过环境库兹涅茨曲线的拐点。有些管理模式却没有发挥作用，如官员垂直交流。张楠和卢洪友（2016）[113]实证研究了官员垂直交流对环境治理改善的影响，结果显示官员垂直交流并没有改善环境质量，反而会带来更坏的影响。是否改善了环境问题取决于当地初始环境质量，与官员环保考核并无关系。本书对以上结论做了解释，认为垂直交流官员并无意愿大力改善当地环境问题，且具有较强的晋升优势，环保激励不够，制度环境和中央政府的选择性再集权很重要。

除管理外，晋升官员的异质性与环境治理也有较大的关系。王娟和张克中（2014）[114]研究了财政分权、省级官员的异质性和碳排放的关系，发现官员异质性是碳排放的重要影响因素，本地晋升的省长对碳排放具有正向作用，即本地晋升的省长加大了碳排放量，在对官员特征加入财政分权的交互项后，本地晋升的省长与书记都加大了碳排放量。省长任期与碳排放呈现明显的倒U形曲线特征，说明任期增加使得碳排放出现先增加后减少的情况，本省晋升的省委书记在不同地区对碳排放存在明显的区别。于文超等（2014）[115]研究地方官员内在激励对环境问题的影响，实证分析结果显示，省委书记而不是省长的个人特征对环境问题影响较大，尤其是任期较长、年龄较小的省委书记。从外地调任或晋升过来的省长比中央调任或本地晋升的更愿意增加治理环境污染投资或颁布更多的环境保护法规。

2.3.3　寻租腐败与环境污染

国外学者对寻租腐败与环境关系的研究最早始于20世纪90年代，Desai（1998）[116]对印度、印度尼西亚（下文简称印尼）和泰国等国家进行了研究，发现排污企业向环境监管者行贿或者阻碍环保立法等手段减弱了环境监管的力度，显著增加了环境污染的水平。Lippe（1999）[117]对比分析了印尼和东欧的城市环境治理问题发现，利益集团对地方环保政策的制定具有一定的负面影响，也会减弱地方政府的环保投资，使得环境污染治理的推进较为缓慢。归结起来，国外的相关研究主要从以下三个方面展开。

1）基于EKC理论框架研究寻租腐败对环境污染的影响

Lopez和Mitra（2000）[118]研究发现，腐败并没有改变EKC倒U形曲线的形状，在腐败加大时，拐点的高度提高了，即人均收入水平获得短期的增加。Welsch（2004）[119]提出了直接影响和间接影响两个方面：直接影响是指当腐败导致环境规制降低时增加了环境污染排放量；间接影响是指腐败对经济增长是一种抑制，在EKC框架下对环境污染的影响取决于当地的经济发展水平，如果处于倒U形曲线的左边，则腐败的间接效应就是正向作用。为了论证双重影响，本书利用2001年122个国家的截面数据进行检验。Morse（2006）[120]利用截面数据研究95个国家的腐败和环境问题，发现腐败对环境污染产生正向作用，但只有当收入因素作为解释变量时成立，而在剔除收入因素后，腐败对环境污染的影响不再显著。Cole（2007）[121]也将腐败对环境污染的影响分为直接影响和间接影响，并构造了联立方程，得出了与Welsch相近的结论，即腐败直接加大了污染水平，并通过降低收入增长而减少环境污染排放量。Leitao（2010）[122]基于面板数据分析了腐败与环境污染之间的关系，发现腐败提升了污染水平，且在EKC框架内腐败提高了拐点的人均收入，由于每个国家的收入水平存在差异，因此腐败影响也不同。

2）腐败对环境规制或环境政策的影响

Fisman和Svensson（2000）[123]基于环境政策形成模型分析了腐败对环境规制的影响，发现政治稳定性较强时腐败对环境规制产生负向作用，即政治稳定性强时腐败对官员有俘获作用，官员有影响力，环境规制减弱。Pellegrini和Gerlagh（2005）[124]在EKC理论框架下引入民主程度，也证实了这种说法。Pellegrini和Gerlagh（2006）[125]基于1999—2001年22个欧洲国家的面板数据研究腐败对环境政策的影响，并有了重大发现，他们得出腐败会影响环境政策，且各国腐败程度不一导致环境政策差异，腐败的影响甚至超过了收入水平。He 等（2007）[126]用双寡头博弈模型进行理论分析，并通过实证分析证实利益集团使得环境政策严重偏离了公众利益。Ivanova（2011）[127]构建了理论模型，得出惩治腐败后腐败的减少导致环境规制的加强，最终降低了环境污染物的排放量。

3）外资进入、腐败与环境污染的关系

这个方面的经典观点是“污染避难所假说”，Smaraynska 和 Wei（2001）[128]认为，东道国的腐败将导致环境规制放松和 FDI 流入的较少，在计量模型中加入腐败因素能够消除内生性。他们利用 1997 年 24 个国家的截面数据进行分析，发现腐败能够加大当地的污染水平，但“污染避难所假说”仅在一定程度上成立。Damania 等（2003）[129]构造了理论模型并基于面板数据分析腐败和贸易往来影响环境规制的情况，得出腐败对环境规制产生负面作用，腐败程度越强，贸易扩大对环境规制的负向作用越大。Cole 等（2006）[130]基于开放经济下小国不完全产品市场模型及 1982—1992 年 33 个国家的面板数据，实证分析 FDI 对当地环境规制的影响，结果显示，FDI 对当地环境规制的影响取决于当地的腐败程度，腐败程度越深，FDI 对环境规制的负面作用越大。Rehman 等（2007）[131]也进行了理论分析和实证检验，理论分析显示贸易扩大有助于提高环境质量，腐败则带来负面作用，加大环境污染水平；实证检验得出腐败并无实质性影响，贸易扩大对环境质量的改善与当地的腐败程度有关。

综上所述，国外对腐败与环境污染关系的研究已经富有成效，但存在几个方面的问题引起国内学者的研究兴趣。一是以中国为研究对象的研究还没有；二是在腐败指标上，国外更多的是用主观评价指标，如“透明国际”的 CPI 指标[128]、世界银行的国际商业指标[132]、“国际国家风险指南”的腐败指标[133]，而主观指标受到被调查者主观判断和在每个国家的认知程度的影响，并不能客观评价腐败情况[134]。国外研究中采用一国各地区的腐败发案数等客观指标来衡量腐败程度的情况还没有。

为此，国内学者从以下几个方面进行改进。李子豪和刘辉煌（2013）[135]基于面板数据构建联立方程，以各省市腐败案件数为腐败衡量指标，研究腐败、收入增长和环境污染三个变量的关系。实证分析发现，腐败可以降低环境规制使得污染更为严重，同时降低收入水平从而影响环境污染，收入水平变化的过程中，腐败对环境污染先改善后恶化，且受到不同地区收入水平差异的影响，腐败对东、中、西部三个地区环境的影响呈现阶梯性特征，东部最大、中部次之、西部最小。郑周胜和黄慧婷（2011）[136]基于地方政府行为理论，利用空间计量模型，通过 1997—2009 年 29 个省市的面板数据对地方政府行为与环境污染关系进行了实证分析，结果表明寻租腐败程度越严重，工业“三废”排放量越大。郭志仪和郑周胜（2013）[137]研究了腐败与环境污染的关系，发现寻租腐败越严重，污染排放量就越大，同时得出财政分权程度越大、晋升激励机制越强，环境恶化的程度就越强的结论。阚大学和吕连菊（2015）[138]基于 1992—2009 年中国省级动态面板数据实证分析发现，腐败直接加剧了环境污染，同时加大了对外贸易的环境污染效应，当腐败控制在一定程度时，对外贸易改善了环境质量；反之，对外贸易加剧了本地的环境污染。通过计算中国东中西部地区的平均腐败水平得出，东部地区对外贸易改善了环境质量，中西部地区对外贸易恶化了环境质量。李子豪和刘辉煌（2013）[139]用门槛面板数据回归和截面交叉项估计方法实证分析了外商直接投资影响环境污染的腐败门槛效应，在地区腐败水平较低时，外资流入能够改善当地的环境质量，反之将加剧环境污染。徐雯雯（2014）[140]研究了腐败对碳排放的影响，用的方法主要是联立方程和门槛面板数据回归，根据省级面板数据得出结论，腐败对碳排放的直接效应显著为正，该文的门槛效应选择的变量为环境规制和人力资本，当环境规制和人力资本水平较低时，腐败将增加碳排放量，当环境规制和人力资本水平较高时，腐败与碳排放量有负相关性，但并不显著。

2.3.4　公众诉求与环境治理

Torras 和 Boyce（1998）[141]、Fazin 和 Bond（2006）[142]认为扩大公民权利、提升公民参政能力，能更好地监督政府提升环境政策制定的效率，加快地方的环境治理进度，改善环境质量。赫尔曼（2001）[143]认为，公众可以对政府采取“退出”或者“呼吁”两种方式参与环境治理，“退出”就是“用脚投票”，向失职政府发出警告，“呼吁”就是对政府采取抗议的方式表达不满，要求改变环境政策。国内学者也针对地方政府环境治理动力不足时公众参与环境治理问题进行了研究。郑思齐等（2013）[144]基于这一情况，认为公众受教育程度不断提高和信息传播加快有助于增强公众对环境问题的关注，公众参与性增强可以实现自下而上地推动地方政府加强环境治理。该学者基于 2004—2009 年中国 86 个城市的面板数据进行分析，研究公众诉求对环境治理的影响机制。实证研究表明，公众诉求能引起地方政府对环境问题的重视，通过增加环境治理投资、改善产业结构等方法来加强对环境问题的治理，公众关注更多的城市空气污染的环境库兹涅茨曲线的拐点会更早地到来，跨过这一拐点，经济增长与环境改善将进入双赢阶段。这一结果表明，公众诉求对环境治理有一定的正向作用，但主要是间接作用。张彩云和郭燕青（2015）[145]也证实了这一间接作用，其基于1997—2011年全国省级面板数据研究公众参与及财政分权对环境规制的影响，结果表明公众参与对环境规制的直接效应并不强，仅通过财政分权来影响地方政府环境规制水平。也有学者构造了公众诉求变量来分析其对环境治理的影响。于文超等（2014）[146]用环境信访数、人大代表和政协委员提案建议数来构造公众诉求变量，基于2003—2011年的省级面板数据，实证分析显示公众诉求推动了地方政府采取更多的措施来改善环境问题，比如增加环境治理投资和颁布更多的环境保护法规。

在公众诉求对环境治理效率方面，于文超（2015）[147]使用数据包络分析方法对环境治理效率进行测算，然后基于省级面板数据，实证分析了公众诉求与政府干预对环境治理效率的影响。研究发现，公众诉求对环境治理效率有正向影响，尤其在政府干预能力越弱的地区，影响越为显著。在报纸等新闻媒体越发达的地区和省长由本地晋升的地区，环境治理效率显得更高。而省委书记的个人特征没有对环境治理效率带来显著的影响。

另外，还有学者从环境偏好上研究环境问题。Torras和Boyce（1998）[141]认为，政府在经济发展落后的阶段对经济增长创造就业机会更为重视，比较少考虑经济政策是否会破坏环境。中国改革开放初期提出“一个中心”基本路线也是基于这一考虑，到了21世纪经济发展了，出现了严重的环境问题，才有所改变，提出了“科学发展观”。“污染避难所假说”从一定程度上看也是制度忽略了环境保护，引进高污染、高能耗的企业进入本国，导致东道国污染物排放量增加。发展中国家“先发展，后治理”的发展思路符合马斯诺的需求层次理论，经济发展落后时先满足物质条件，到物质条件改善后，才会有很强的环保需求。

2.4 地方政企合谋与环境污染研究

2.4.1 地方政企合谋概念的提出和分析框架

聂辉华和李金波（2006）[148]基于Laffont和Tirole等学者的理论，反思中国经济增长模式，把组织内合谋理论应用到新政治经济学领域，首次将地方政府为了政绩而纵容企业选择“坏的”生产方式的这类现象称为“地方政企合谋”（local government-firm collusion）。聂辉华（2013）[149]在经典合谋理论模型P—S—A的基础上提出了一般性的政企合谋分析框架，把中央政府作为委托人，地方政府作为监督者，企业作为代理人，建立了“中央政府—地方政府—企业”三层代理模型。地方政企合谋理论对改革开放40年来“高增长”与“高事故”并存观象提供了一个新的研究视角。

在经济增长方面，国内外学者普遍认为中国现有的体制促进了经济的快速增长，比如 Blanchard 等（2000）[150]、Qian Yingyi（2003）[151]、Halper（2010）[152]、阿里夫·德里克（2011）[153]、Xu Chenggang（2011）[154]。聂辉华（2016）[155]认为，地方政企合谋很好地解释了经济增长的理论框架，相对于财政联邦主义理论、晋升锦标赛理论、地方政府公司化理论来说，地方政企合谋理论框架的优点在于抓住了经济增长的主要角色（中央政府、地方政府和企业），分析了地方政府与企业之间的关系，为理解经济增长提供了坚实的微观基础，同时借鉴财政联邦主义理论和晋升锦标赛理论作为地方政企合谋分析框架的理论基础，理论具有包容性。但是，地方政企合谋理论框架的缺点在于合谋违规或违法不易被发现，因而难以测度，通常用政府官员的个人特征（是否由本地晋升或者本地人）来判断地方政企合谋的情况。

在中央政府防范方面，现有文献对如何减少合谋收益和增加合谋成本进行了探究，具体防范的途径是加大惩罚力度，减少合谋收益，同时加强官员交流，增加合谋成本。事前惩罚设置是一种潜在威胁，包括对排污企业的罚款和对官员的撤职，甚至可以根据环保法追查地方官员的腐败问题而诉诸法律。官员任期限制和异地流动可能是防范地方政企合谋的有效手段。因为官员异地交流和官员任期在客观上限制了地方官员长时间在同一地区任期，减少了其与地方企业建立利益关系网络的可能性，也就减少了地方政企合谋的可能性。通过异地交流来任职的新官员或者中央部委下调地方任职的官员都需要一定的时间来熟悉地方企业。已有研究认为，官员交流是中央政府一项重要的“隐形治理”手段，在培养官员的同时贯彻执行中央的发展政策，这有助于打破地方官员与本地企业形成的利益链，相关研究涉及的领域有经济增长、降低生产能耗、保护环境等。杨其静等（2008）[156]主要从财政激励的角度研究得出官员交流有利于促进流入地的经济增长。陈雪梅等（2014）[157]从生产总值能耗角度考虑，认为通过官员交流可以降低能耗，转变经济发展方式。部分学者认为地方官员稳定性强，更容易与当地排污企业建立“利益链”，形成地方政企合谋，而中央制定的地方官员异地交流制度有助于打破这一“利益链”。新的地方官员与当地排污企业短期内难以形成新的利益链，减少了地方政企合谋发生的概率，对环境污染的进一步恶化起到了抑制作用。梁平汉和高楠（2014）[158]认为，法制化程度不够和地方官员职务固定不利于环境污染治理，官员交流可以改变原有的地方政企合谋，官员年轻化和法制化完善不易于形成地方政企合谋，相对而言法制化是防范合谋最有效的途径而非官员交流。韦香(2012)[159]研究发现，省级领导的更替对于环境质量的改善有一定的帮助，具体而言，可以减少工业固体废弃物的排放。熊波等（2016）[160]研究发现，官员流入尤其是有中央工作经验的官员流入对省区环境保护正向效应显著，但这种效果在长期中才能体现出来。臧传琴等（2016）[161]研究发现，有过中央从政和在非特殊领域以及有过系统性管理工作经验的官员更有利于控制污染，要加强各类官员的交流。

聂辉华（2013）[149]认为中央政府有两个目标，即经济增长和社会稳定，中央政府在两个目标上面临着两难选择，需要认真权衡利害关系。中央政府对于地方政企合谋的态度存在周期性的变化，在需要经济增长的时候默许地方政企合谋，在需要社会稳定的时候防范地方政企合谋。他还认为，中央政府必须委托地方政府对企业生产方式进行监督，通过经济利益“赎买”地方政府和企业，中央政府允许合谋就要承担社会稳定成本，防范合谋就要支付经济激励。同时，中央政府允许合谋的依据是允许合谋时的期望效用大于防范合谋时的期望效用，并提出企业采取非环保生产方式产生的“准租金”越高，或者事故发生的概率越低，或者媒体披露事故的概率越低，中央政府越倾向于允许地方政企合谋的存在。罗涛等（2014）[162]研究现有机制下防范合谋的问题，提出中央政府是否允许地方政企合谋存在主要考虑的是地方政企合谋带来的负面成本的大小，当政治体制导致的负面成本较小时，政治体制带来经济发展的最优契约机制设计是允许地方政企合谋或签订私下契约，而当成本相当大时，最优契约机制设计的关键是如何防范地方政企合谋，中央政府设计最优契约机制的目标是使社会福利最大化。因此，两位学者对中央政府是否允许地方政企合谋存在的依据有较大的差异。

2.4.2 地方政企合谋与“高事故”实证研究

地方政企合谋促进经济快速增长的同时，也伴随着很多的负效应，在我国很多领域“事故”频发，本书研究领域涉及矿难、土地出让、房价和信贷配置等，具体如表 2.1 所示。

表 2.1 地方政企合谋实证研究比较

文献名、期刊、出版时间	地方政企合谋替代变量	控制变量	稳健性分析	研究结论
政企合谋与矿难：来自中国省际面板数据的证据，《经济研究》，2011.6	主管副省长是否本地人、是否任期第五年、任现职时是否超过50岁	采矿业固定资产投资、采矿业人均年工资、人均实际GDP	主管副省长任职年份、省长是否是本地人等	地方政企合谋是矿难主要原因、官员异地调任和任期限制有助于防范合谋
地方官员合谋与土地违法，《世界经济》，2011.3	省长是否由本地晋升	人均实际GDP、地方财政收支压力、土地出让收入、中央监管土地违法力度；省长籍贯、任职时间和年龄	监管力度和重点的变化、控制变量的改变、加入其他影响因素、省委书记信息	地方官员参与合谋时涉案土地面积增加30%以上、耕地面积增加50%以上
政企合谋下的土地出让，《管理世界》，2013.12	市委书记、市长是否由本地晋升	城镇住房需求、基础配套设施建设、土地引资激励、土地财政激励	官员年龄、任期、中央部委任职经历、省委任职经历、受教育水平、是否本地人	本地晋升的市长多出让10%土地
中国高房价的新政治经济学解释——以“政企合谋”为视角，《教学与研究》，2013.1	土地财政依赖程度、房地产行业的国家资本金、保障房投资额	城镇化、抚养比、商品住宅竣工面积、商品房竣工造价、贷款利率	按区域划分财政压力大小	地方政企合谋显著提高房价、建筑成本和城镇化等供求因素，影响房价
政企合谋与企业逃税：来自国税局长异地交流的证据，《经济学（季刊)》，2016.7	国税局长是否异地交流	企业规模、贷款能力、资本密集度、存货密集度、盈利能力	异地交流来的局长是否有本地工作经历、是否本地人	异地交流制度降低了合谋，进而减少了逃税，但这一效应随着局长任期延长而减弱

聂辉华和蒋敏杰（2011）[163]在对矿难进行研究时，发现地方政企合谋是引起煤矿事故的重要原因之一，尤其是煤矿管理归属地方时，地方政府与企业间会产生较多的利益联系。他们以主管安全生产的副省长的个人特征为地方政企合谋的指标来做实证分析，结果支持了本书的观点。而当煤矿管理权归到中央以后，地方政企合谋并不显著影响煤矿事故率。张莉等（2011）[164]对地方政企合谋与土地出让违法进行了研究，文章基于省级层面数据，当本地官员与

企业合谋时，涉案土地面积增加30%以上，涉案耕地面积增加50%以上。这些结论也说明地方政企合谋是导致土地违法案件频繁发生的重要原因，同时地方政企合谋也将阻碍土地违法案件查处。张莉等（2013）[165]基于282个地级以上城市的面板数据实证发现，本地晋升的市长多出让10%的土地。这些不能为土地财政、土地引资动机和地方官员本地晋升及天然感情因素所解释，实际原因是本地晋升官员具有更易合谋性，本地晋升市长多出让土地是为例证。聂辉华和李翘楚（2013）[166]对高房价进行了政治经济学分析，选取的角度正是地方政企合谋，他们认为地方政府在竞争压力下会选择与房地产企业合谋，由于房地产市场有一定的区域垄断性，因此地方政府可以限制土地供给，使得房地产供给数量有限，供不应求，以此拉高房价，相应地推高地价，保持土地财政的可持续性，获得更高的GDP，地方官员也可获得更多的晋升机会，房地产企业也获得更多的收益。在经验证明上，他们以地方政府对土地财政的依赖程度作为衡量地方政企合谋的指标，研究结果显示土地财政依赖程度越高，房价水平也越高。王永明和宋艳伟（2010）[167]对地方政企合谋与信贷资源配置进行了研究，指出为了提高本地经济总量，地方政府都会想方设法引进资金的流入，主要是通过行政干预的手段来帮助企业获取信贷资源，属地企业的发展由于有地方政府的积极干预和大量的信贷资源给予支持，对企业发展有利，对于地方政府而言也获得了更多的财政收入，经济总量也不断地增长，但银行系统却面临着很多问题，比如巨额坏账甚至濒临倒闭。范冬英和田彬彬（2016）[168]以1998年国税局长交流制度为实验，利用局长任职经历差异度量地方政企合谋，研究地方政企合谋对企业逃税的影响，结果发现本地晋升局长使地方政企合谋更为严重，逃税增加17%；外地调任局长有助于减少企业逃税，但这一效应随着局长任期的延长而减弱。以上这些研究主要是理论假说和实证检验，并未提出地方政企合谋的影响机理和理论模型。

2.4.3 地方政企合谋与环境污染研究

地方政企合谋与环境污染的相关研究主要涉及从地方政企合谋的形成与防范、地方政企合谋中各利益主体的互动、地方政企合谋对环境污染的影响机理与实证分析等方面。

1）我国环境污染中地方政企合谋的形成与防范

中央政府关注经济增长，对地方官员的政绩考核硬性指标主要是GDP，这一制度对于地区经济增长起到了非常重要的促进作用。但是地方官员在对本地环境保护等公共产品的提供上缺乏应有的动力，这就导致经济高速增长的背后引发了很多的环境污染问题[169]。为了解决这些问题，学者们开始应用委托代理理论于生态环境保护上，由于信息不对称，中央政府作为委托方，委托地方政府做好地方经济发展与生态环境保护，地方政府对排污企业进行环境规制，规制力度取决于中央政府的激励机制。按照新财政经济学理论，中央政府如果没有给予地方官员以足够的激励，地方官员可能偏离公共利益，像职业经理人一样从政策中寻租[170—171]。卢现祥等（2012）[172]认为，地方政企合谋形成的最主要原因是我国低碳转向过程中环保监管和激励制度的不完全。张国兴等（2013）[173]通过建立博弈模型分析地方政府与企业的策略，并对该模型进行均衡求解，通过对地方官员进行科学考核、加强第三方监督力度等方式，可以有效破解地方政企合谋。李国平和张文彬（2013）[174]认为，地方政府行为偏离了社会公共利益，这造成了我国虽然加大了对环境保护的力度，但环境问题依然没有得到改善。他们设计了一套激励地方政府加强环境保护的模型，中央政府参考地方政府的参与约束条件，建立激励相容机制，同时监管地方政府，防止地方政企合谋愈发严重，不断强化地方政府和排污企业的自我激励。张跃胜和袁晓玲（2015）[175]基于“中央政府—地方政府—企业”双重委托代理模型，分析地方政企合谋存在的机理，并探究制度成因，提出中央政府需加强设置激励机制来防范地方政企合谋。

2）地方政企合谋中各利益主体的博弈分析

张春英（2008）[176]分析地方政府与企业合谋形成的条件，构建中央政府、地方政府与企业的博弈模型，找出影响中央政府监管、地方政府与企业合谋的相关变量，为有效监管机制的构建提供理论支撑。同张春英一样，贺立龙等（2009）[177]也建立了博弈模型，求解纯策略和混合策略均衡，分析形成地方政企合谋的影响因素和中央政府防范地方政企合谋的政策因素。王杰（2009）[178]从监管机构与排污企业的合谋出发分析其博弈行为，并对监管业绩进行科学评价。任玉珑等（2008）[179]运用博弈论构建了“委托—监督—代理”模型，对政府、监管人员和企业三方博弈行为进行分析，认为加大核查力度、降低核查成本和合谋收益是防范合谋的有效方法。陈明艺和裴晓东（2012）[180]建立完全信息静态博弈模型，分析地方政府、规制机构和排污企业的策略选择，发现存在地方政企合谋、规制俘获等问题。薛红燕等（2013）[181]认为，环境规制中企业、政府和环境规制机构之间的博弈关系是影响环境污染治理的重要因素，分析了信息不对称下政企合谋的可能以及政府监管的必要，通过构建多阶段委托代理模型，考察政府合约设计和监管、环境规制机构和引起政企合谋的因素。王斌（2013）[182]基于中央政府、地方政府和排污企业三方混合策略博弈分析，认为中央政府对地方政府和违规企业处罚力度越小，地方官员获得的租金越大，地方政府越倾向于选择与排污企业合谋。

3）地方政企合谋对环境污染的影响机理与实证分析

龙硕和胡军（2014）[183]构建动态博弈模型来分析地方政企合谋对环境污染的影响机制，企业为寻求地方政府放松对环境问题的规制向其行贿，而地方政府追求政治利益（晋升）和经济利益也有放松环境规制创造更大经济总量的可能性，因此形成地方政企合谋，进一步加快了环境污染。由于地方政企合谋无法被直接观察到，因此他们选取了百万人口中贪污贿赂和渎职等案件的立案数作为地方政企合谋的代理指标，实证结果显示地方政企合谋影响环境污染。张俊和钟春平（2014）[184]选取了省长是否由本地晋升作为衡量地方政企合谋的替代变量，实证分析了地方政企合谋对环境污染的影响。研究结果表明，地方政企合谋使得该地区二氧化硫和工业废水的排放量上升。梁平汉和高楠（2014）[158]用地方市长的任期作为地方政企合谋的替代指标，通过研究地方市长的任期和法制环境与环境污染的关系，发现地方政企合谋是导致环境污染治理艰难的主要原因，地方官员的稳定性和法制环境较差容易形成地方政企合谋，地方官员交流将改变已有的合谋关系，对生态环境改善带来利好。但如果当地法制环境较差，排污企业则更易与新的官员建立好的合谋关系，使得官员交流带来的环境治理效果并没有根本性的改观。袁凯华和李后建（2015）[185]立足于政治经济学的角度，提出了地方政企合谋下策略性减排困境的假说，通过实证分析发现，相对于环境库兹涅茨曲线、“污染避难所假说”和财政分权假说，晋升压力下本地晋升官员与企业合谋追求产出最大化的行为才是导致废气排放屡禁不止的主要原因，地方政企合谋核心变量始终显著，而其他假说却未能通过检验。以上文献对地方政企合谋的实证研究中，由于地方政企合谋违规或者违法，不容易被发现，一般采取的计量识别方法是，当观察到一些事件出现时，可以认为发生地方政企合谋的概率更高，这些定性或定量的事件便可以作为地方政企合谋的代理指标[163]。

2.5 研究述评

总结国内外的相关研究，国外学者对合谋的理论和实践研究非常成熟。早期提出了组织间合谋理论，这是在卡特尔组织中出现的价格合谋，这一合谋理论在拍卖和决策中得以发展。近期在不完全契约理论的发展下研究组织内合谋，以拉丰（Laffont）、梯若尔（Tirole）等人为代表，将合谋理论引入产业组织内研究，建立了“委托人—监督者—代理人”（P—S—A）一般分析框架。这一分析框架基于博弈论和不完全契约理论，主要研究产业组织内的激励问题，成为组织内合谋理论的研究范式，可以用于解释合谋的形成与防范，以及合谋的影响因素。合谋理论的发展需要更多的实践进行检验。近年来，合谋理论在公司治理中获得检验和实证，使合谋理论得到了丰富和发展。拉丰等人对合谋理论做出了开创性贡献，但预测结论对基本假设条件变化非常敏感，检验时还需要鉴别其适用性[186]。同时，国外对合谋的研究自从梯若尔发表开创性的文章以后，后来的文献都把这三层层级关系契约中合谋的生成当作一个“黑箱”，这在理论的应用上存在较大的弊端，经济学家施莱弗从法律经济学的角度提出“隧道效应”，无法用 P—S—A 分析框架解释，对组织内合谋理论提出了挑战，因此打开这个“黑箱”，将其应用到更多领域的实践显得尤为重要[187]。

国内对合谋理论的研究起步较晚，聂辉华和李金波（2006）[148]、聂辉华（2013）[149]提出地方政企合谋理论是组织内合谋理论在新政治经济学上的应用，该理论框架可用于解释中国经济“高增长”和“高事故”并存的现象。与合谋理论一样，地方政企合谋的形成与防范仍然是研究的重点，现有研究从信息不对称的视角分析得出中央政府无法有效防范合谋，只能采取事后惩罚的方式来处理地方政府和涉事企业，或者通过官员异地交流打破地方政企合谋形成的“利益链”。现有文献认为中央政府对于地方政企合谋的防范与否是基于社会稳定与经济增长两方面的权衡，这与中央政府的公共利益代表是不符合的，应该分析中央政府策略性防范合谋的具体条件。以地方政企合谋为视角，学者们研究了矿难、土地出让、房价和信贷配置等问题，但缺乏地方政企合谋与这类问题的理论构建，且地方政企合谋的替代变量各不相同。晋升激励与财政分权制度对地方政企合谋的形成有一定的影响，需要改革现有的行政管理体制，才能从根本上破解地方政企合谋问题。

近年来，国内个别学者开始关注地方政企合谋与环境污染的关系，但主要是理论假说与实证检验，几乎没有提出作用机理和构建理论模型，仅有一个文献将合谋等同于寻租腐败进行了影响分析，研究价值有限，因为地方政企合谋并不总是腐败行为，地方政府获取的更多的是财政收益和晋升机会。因此，需要提出地方政企合谋影响环境污染的作用机理，并构建一个统一的博弈理论模型对此进行论证，为实证检验提供研究的微观基础，也为政策建议的提出提供理论依据。在实证研究方面，除了采用普通面板数据模型对理论模型进行实证检验外，针对不同污染水平，是否可以尝试采用分位数回归分析方法，控制个体的异质性，在条件分布不同分位点即不同的污染水平下，分析地方政企合谋对环境污染产生的影响？考虑到我国不同区域资源禀赋、经济发展水平差异较大，地方政府的目标函数和公众的环境质量需求也存在较大的差异，地方政企合谋对环境污染产生的影响也会有所差异，是否可以进行区域性差异分析，为中央推行差异化的区域经济政策提供经验证据？根据本书的研究结论，是否可以提出一套切实可行的行政管理体制改革办法，破解环境污染中的地方政企合谋行为？环境库兹涅茨曲线（EKC）和“污染避难所假说”在我国是否通过检验并未形成统一的结论，需要进一步研究。以上这些构成了本书研究的重点。

2.6　本章小结

本章首先回顾了相关文献，包括组织合谋理论的新发展及其应用、环境污染经典理论假说、环境污染的其他成因以及地方政企合谋与环境污染关系的研究。然后，对已有研究进行述评，指出其中的不足，明确本书的研究方向和重点内容。

第3章　地方政企合谋与环境污染概述

上一章介绍了地方政企合谋与环境污染的相关文献综述，本章主要介绍地方政企合谋的相关知识，包括基本含义、基本框架和相关的制度背景，然后分析我国环境污染状况及其治理的挑战，为下一章理论分析地方政企合谋与环境污染做铺垫。

3.1　地方政企合谋基本内涵、基本框架与相关的制度背景

3.1.1　地方政企合谋基本内涵

“地方政企合谋”是本书的核心概念。梯若尔（1986）[19]、拉丰和马赫蒂摩（1996）[188]在经典合谋理论中提出的“委托人—监督者—代理人”（P—S—A）三级纵向结构中，将合谋定义为监督者帮助代理人隐藏信息从而欺骗委托者的行为。在此基础上，本书借鉴聂辉华和李金波（2006）[148]、聂辉华（2013）[149]的定义，认为“地方政企合谋”（collusion between local government and enterprises）中地方政府有可能为了获取更多的财政收益和晋升机会，违背中央政府的意愿，选择与辖区企业合谋，互利互惠，地方政府因企业提高产出获得政绩，企业选择非环保生产方式获得更多的收益，即产生地方政府与企业合谋。

地方政企合谋中的政府特指地方政府，不包括代表全民利益的中央政府。地方政企合谋只是一种特殊情况，不是地方政企关系的全部，并非所有企业都与地方政府存在合谋关系。地方政企关系如果出现合谋，从内容上不限于官商勾结，更强调地方政企合谋是地方政府行为而非官员个人行为，地方政企合谋不一定存在腐败行为，而官商勾结常常伴随寻租腐败行为。国外学者将这样的现象称为地方政府被企业俘获（captured）[189]，但与中国的情况有较大的差别。在我国，地方政企合谋是一种制度性现象，是经济发展过程中地方政府与

企业的互惠行为。本书认为地方政府为了经济绩效和晋升机会的需要寻求与企业合谋，默许企业采用非环保生产方式来发展本地经济，其目标是地方政府利益的最大化。这种互惠行为范围很广，除了财政收益和晋升机会以外，还有排污企业对地方政府给予的回报，聂辉华（2013）[149]称之为“转移支付”，包括额外的税收、费用、多雇佣本地人或地方官员的亲戚、企业的控制权甚至给予地方官员的贿赂。本书认为还有地方政府在出现重大困难时企业提供的援助，这些收益是排污企业采用非环保生产方式节约的成本中给予地方政府的分成，统称“租金收益”。

本书中关于环境问题的地方政企合谋就是地方政府与排污企业合谋，违背中央政府精神，放松环境规制、默许企业选择非环保的生产方式，或者引进高污染的企业，造成环境污染加重，最终地方政府实现了地区经济增长和地方官员的晋升，排污企业实现了利益最大化。除此之外，地方政企合谋还会带来其他问题，比如矿难、土地违法、企业逃税、高房价、食品安全等。虽然地方政企合谋是一种互惠行为，但就地方政府与企业两个主体在合谋中的地位而言，地方政府在合谋中处于更高的地位，这与地方政府具有行政管理权有关。而地方政府具有自由裁量权，也在一定程度上决定企业的发展。

3.1.2 地方政企合谋基本框架

本书借鉴梯若尔（1986）[19]、拉丰和马赫蒂摩（1996）[188]在经典合谋理论中提出的“委托人—监督者—代理人”（P—S—A）三级纵向结构以及聂辉华（2013）[149]提出的政企合谋分析框架，根据研究主体的不同，提出“中央政府—地方政府—排污企业”三层委托代理模型，中央政府是委托人，地方政府是监督者，排污企业是代理人。本书假定中央政府、地方政府和排污企业存在一个正式的总契约：中央政府委托地方政府监督排污企业的生产活动。中央政府泛指中央机构，其根据经济发展情况，采取财政政策和货币政策影响经济整体运行，宏观上调控企业的生产经营活动。地方政府作为监督者，监督企业的生产经营活动。地方政府由各级官员组成，包括各级党委和政府主要领导，或者由各级党委和政府相关部门领导组成，如环境保护局局长。

排污企业可以采取两种方式进行生产：一种是环保的生产方式，成本较高但不会发生环境污染事故；另一种是非环保的生产方式，成本较低但容易发生环境污染事故。中央政府不知道排污企业采用何种生产方式，存在信息不对称，委托地方政府加以监督。地方政府对排污企业有绝对的控制力，了解企业的生产方式，但为了增加经济绩效和晋升机会，有动力与排污企业合谋，默许企业采用非环保的生产方式进行生产，双方互利互惠。但是，非环保的生产方式可能造成环境污染事故，并有一定的概率被第四方（如媒体或公众）曝光，那时中央政府对地方政府和企业将采取一定的惩罚措施，如地方官员被免职，企业被罚款、停产甚至关闭，等等。中央政府防范合谋的方式，还可以通过区域环境监督中心了解相关情况，或者通过中央环保督察问责地方政府，打破地方政府与企业形成的“利益链”，破解地方政企合谋问题。地方政企合谋的基本框架如图 3.1 所示。

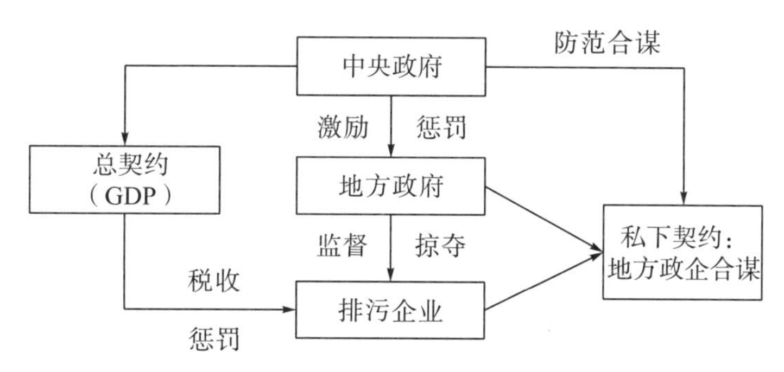

图 3.1　地方政企合谋的基本框架

3.1.3　我国相关的制度背景

3.1.3.1　我国环境保护行政管理体制

我国现有环境保护行政管理体制由环境保护部统一监督管理，在主要的环境规制领域执行统一的国家标准，各级地方政府负责辖区内的环境规制和治理。我国中央政府对环保工作非常重视，2015 年出台了新的《中华人民共和国环境保护法》，建立了国家环境保护标准体系，对环境保护制定了统一的标准。特别是科学发展观对环保事业的引领，使中央政府创新了体制机制，在污染物大幅增加的条件下，使得生态破坏的趋势减缓，城市环境和流域污染环境质量有所改善。我国实行的环境规制有助于解决地区引资竞争导致的环境问题，以及跨区域环境污染问题。在现有的环境规制体制中，中央政府的主导作用较强，虽然存在国家级和地方级的环保标准，但在主要的环境规制领域执行统一的国家标准。由于我国各个地区资源禀赋和经济发展水平不一致，工业污染状况存在较大的差异，公众对环境的需求也不同，环境的稀释扩散和自净能力也存在差异，因此地方执行统一的规制标准在不同地区带来的成本和收益不一样，当成本大于收益时，环境规制是无效率的。目前我国面临的环境问题更具复杂性，改变现有的环境保护体制，需要给予地方政府一定的环保分权，建立多层次的规制结构，提高地方政府在环保工作中的积极性，推进中央政府和地方政府共同承担责任，联合采取行动。

为了加强对环境问题的监管，可以设立环境保护垂直机构。直属机构有助于中央政府管理好地方企业，虽然越过了地方政府，但为了鼓励垂直机构，必然授予其一定的权力，这实际上是一种分权。当前，我国成立了华东、华南、华北、西南、西北和东北 6 个区域的环境保护督察中心。

2015 年以来，中央连续出台《环境保护督察方案（试行）》《党政领导干部生态环境损害责任追究办法（试行）》《开展领导干部自然资源离任审计试点方案》《生态文明建设目标评价考核办法》等文件，把环境保护与领导干部“终生追责”联系在一起，建立党政领导干部生态环境保护问责体系，审计试点期间主要审计地方各级党委和政府的主要干部，开展领导干部离任审计，追究对生态环境损害负有责任的领导干部。自 2015 年年底以来，中央环保督察在河北试点之后，分四批对全国 30 个省、市、自治区进行了环保督察，接受群众举报，问责逾万人，河北、重庆借鉴中央环保督察模式，建立省级环保督察制度。至此，地方环保红线意识增强，地方产业升级加速。

3.1.3.2 地方官员政绩考核制度

当前，政绩考核制度正在完善，逐步告别“唯 GDP”时代，慢慢建立一套科学的政绩考核体系，尤其是增加了环境保护在政绩考核中的比重，而新的地方官员政绩考核制度真正构建还需时日。中央政府对地方实行管辖权，决定着地方官员的任免。地方官员任免由上级领导研究决定，需要满足上级领导的要求。决定官员是否能够晋升的因素很多，而有发展经济能力的官员得到提拔的可能性依然较大。地方官员面临着多任务下的考核，隐形“GDP 考核”依然存在，一定程度上成为地方官员追逐的对象。财政分权使得地方官员的晋升有了比赛的场地，并以经济绩效作为胜负的重要标准。对于政绩考核，中央政府对地方官员的管理主要是绩效考核制、任期制和异地交流制。政绩考核激励地方官员追求经济增长的短期效应，任期制与官员异地交流制有助于破解地方形成的利益链和地方保护主义，但由于任期时间短，又需要政绩，使得地方官员的目标更加短期化。

3.1.3.3 财政分权制度

从财权上说，财政分权表示中央政府与地方政府对财政收入按照一定比例分成，这主要指预算内收入。Qian 和 Weingast（1996）[190]把这一分权称为中国特色的财政联邦体制，中央政府与地方政府不是对等的谈判关系，中央政府在经济分权中具有优势。尤其在 1994 年分税制确立以后，中央政府与地方政府在财政与税收方面形成了不对称的分权关系。也就是说，地方政府虽然对财政收入有分成权，但分成的多少由中央政府确定并调整。一个事实是，在 1994 年分税制确立以后，企业所得税属于地方政府收入，根据 2002 年《所得税收入分配方案》，调整为中央政府与地方政府分成比例为 50∶50，2003 年又更改为 60∶40[191]。很明显，根据实际需要，中央政府可以调整税收体系[192]。而地方政府的预算外收入并不被中央政府所共享，其支出情况也缺乏监管，地方政府具有非常独立的财政支配权。地方政府按照财权与事权对应的原则，履行好地区服务功能。从事权上说，财政分权主要体现在行政权力，即地方政府可以管理地方企业的生产经营活动。中央政府不可能直接管理地方企业，必须委托地方政府进行监督管理，也就是地方政府具有执行权。

3.1.3.4　地方政府利益多元化冲突

1）对地方政府“公共人”假说的挑战

传统经济学在研究生产者和消费者的行为时，把政府定义为公共利益的代言人，这种把政府作为正义、公正代表的思想在中西方历史中多有阐述。春秋时期孔子答鲁哀公问政时提出“政者，正也”[193]，把政府行为的价值取向定位为公正和正义。亚里士多德也提出“城邦以正义为原则”[194]的论断，把公共利益作为政府的行为标准。英国学者洛克在后来的《政府论》中提出政府为公众谋福利是合法存在的基础[195]。政府的公共性体现的前提是信息完全，决策客观、公平、公正。实际上，政府的目标函数不是单一的，公共利益不是政府行为的唯一准则。卢梭（2011）[196]认为，行政官员代表着个人、全部官员和人民三重意志。政府官员往往代表多元的利益进行决策。虽然无法确定多重目标在政府官员身上表达的先后顺序，但公共利益并没有无条件优先。诺贝尔经济学奖得主詹姆斯·布坎南（1988）[197]很不赞成政府官员代表公共利益的说法，他认为一个人从以个人利益最大化的经济市场到了政治市场，不可能成为大公无私的人，独立个人有自身的利益，以公共利益为准则并不可能。

2）地方政府利益多元化冲突

我国地方政府的目标函数主要包括公共利益、部门利益和官员利益三个部分。

（1）公共利益。

地方政府是公权力的支配者，有发展经济和维护社会稳定等方面的任务，需要维护好地方公共利益。其具体公共责任如下：一是稳定外部环境发展经济，制定和实施产业政策；二是增加居民社会福利，增加就业机会，提高人均收入水平；三是提供公共产品，为企业生产提供生产性公共产品，为居民生活提供基本公共服务。经济增长能提供更多的就业机会，改善人民生活，但经济增长会消耗资源，可能对环境带来污染。

（2）部门利益。

地方政府属于官僚机构，有部门利益的存在。我国地方政府利益呈现多元化，包括不同级别地方政府之间以及地方政府不同部门之间的利益。这些多元化利益导致经济上的低效率，表现在以下三点：一是机构自我膨胀，机构膨胀带来财政支出的增加，同时行政效率降低，很多组织改革的结果是越来越膨胀。唐斯（2006）[198]认为由于组织领导人的政治激励，每个组织都有不断扩张的内在倾向。二是预算支出扩大化，各级政府部门都想增加预算资金。尼斯坎南（2004）[199]认为组织领导人为了寻求下属的支持，有意增加组织机构预算开支，目的是给下属更多的晋升空间和工作保障机会。这一观点目前还存在争议。三是部门之间出现利益冲突。政府各部门之间利益差异较大，有时对资源争夺会形成恶性竞争，推卸责任，减弱政府的行政能力。部门出现利益冲突，导致出现较多的负外部性公共产品，或者较少的正外部性公共产品，资源利用率大大降低。

（3）官员个人利益。

尼斯坎南（1971）[200]、布坎南和塔洛克（2000）[201]认为，政府官员以自身利益最大化为目标，追求权力、声誉和收入。公共经济学引入我国以后，学者们开始关注公共政策是否会受到官员个体利益的影响。周黎安（2004）[202]、何智美和王敬云（2007）[203]分析政府决策时把官员晋升激励纳入进来，在晋升锦标赛激励下，地方政府官员在有限提拔的机会中参与“非此即彼”的零和博弈，地方经济也因为“为提拔而竞争”的机制快速发展。Blanchard 和 Shleifer（2001）[204]认为我国出现经济奇迹的关键因素是官员的晋升。

地方政府的利益非常多元化，利益之间有相容之处，也有冲突之处，经济增长增加了财政收入，提高了人民生活水平，但是粗放型经济增长以高消耗资源和牺牲环境为代价，损害了社会的整体利益，但对于官员们来说却增加了晋升机会。以上三种利益出现冲突的机会增加，就必将影响公共政策的公正性，对经济社会的可持续发展和社会整体利益的提升带来负面影响。地方政府有时为了部门利益或者官员的个人利益，会做出一些偏离公共利益的决策。

3.1.3.5 政治周期

中央政府注重经济增长目标，为民众提供更多的基本公共服务，使得社会福利最大化，获得更多的政治支持率；同时，避免带来更多的环境污染事故，以免影响社会稳定。由于信息不对称，中央政府委托地方政府对排污企业进行环境管制，由于地方政府也是理性经济人，具有多元化的目标，为了发展经济，有可能选择与排污企业合谋，放松对环境的管制。当环境污染事故频发时，中央政府会通过对官员撤职和对排污企业进行严惩等措施进行控制。除此之外，中央政府在重要的时间段对合谋行为给予干预，如每年两会期间。自2015年年底以来，中央环保督察立案处罚、侦查、约谈、问责，就是为了打破地方政府与企业形成的利益链。

中央政府对地方政企合谋零容忍，但监督需要成本。干预的频率取决于经济增长的好处、事故爆发的频率、公众的偏好等方面，在不同经济发展水平的地区表现不同。在经济落后地区，公众对经济增长的偏好明显高于环境污染，对环境污染的容忍度较高。事故爆发前后，公众对于地方政企合谋的容忍度也有不同。在环境污染事故爆发前，地方政府与企业合谋的成本较低。但当环境污染事故爆发，在网络等媒体的传播下，公众对政府的不满情绪高涨，必然加大地方政府与排污企业合谋的成本，对中央政府的执政地位带来不利影响。此时，中央政府会追究地方官员的责任，同时大力惩罚引发环境污染事故的企业。这就出现周期性的中央政府干预。中央政府的周期性干预对社会稳定带来利好，但对于环境污染事故爆发前的合格企业（采取环保的生产方式）不利。因为一旦出现环境污染事故，地方政府为了赢得中央政府和公众的理解与支持，采取“一刀切”的方式进行整顿，对于没有达到环保标准的企业来说，出现污染事故前没有动力去完善安全生产设施，而合格企业也要被整顿，于是在下一阶段也没有动力去进行安全生产，这就形成了环境污染事故频发的恶性循环。

3.2　环境污染状况及其治理

3.2.1　中国环境污染状况及其影响

3.2.1.1　中国环境污染的现状

随着工业化和城市化进程的加快，由于人口规模大、资源较为贫乏以及生态能力较弱等原因，我国生态环境问题变得日益突出。据中国生态学学会对环境的评估报告显示，我国生态环境总的状况在恶化，局部地区有所改善，治理赶不上破坏的速度，生态环境还将不断变坏。

2014年全国2591个县域生态环境质量“优”“良”“一般”“较差”和

“差”的个数分别是564个、1034个、708个、262个和23个。其中，“优”和“良”的县域面积占我国国土总面积的45.1%，从分布上看主要在秦岭—淮河以南以及东北的大小兴安岭和长白山地区；生态环境质量“一般”的县域面积占比为24.3%，主要分布于华北平原、东北平原中西部、内蒙古中部和青藏高原等地区；环境质量评价“较差”和“差”的地区主要分布于内蒙古西部、甘肃中西部、西藏西部和新疆大部，占国土总面积的30.6%①。

以上是我国生态环境质量总体情况。下面分别从“三废”、森林、土壤等方面介绍我国环境污染的情况。

1）大气污染和酸雨污染

根据《2015年中国环境状况公报》数据显示，全国338个被监测的地级以上城市中有73个空气质量达标，比例为21.6%，74个实行新的空气质量标准的城市中有11个城市达标，比例为14.9%，这74个城市的PM2.5平均浓度有所下降，下降幅度为14.1%②。从达标天数来看，338个城市达标天数比例平均值为76.7%，平均超标天数比例为23.3%，超标天数比例中严重污染、重度污染、中度污染和轻度污染分别占比0.7%、2.5%、4.2%和15.9%。马尔康等6个城市达标天数比例为100%，150个城市达标比例在80%～100%之间，30个城市达标天数比例不足50%。超标天数中首要污染物为细颗粒物（PM2.5）、臭氧（O_3）和可吸入颗粒物（PM10），分别占比66.8%、16.9%和15.0%。2015年，我国酸雨分布区面积占国土总面积的比例为7.6%，分布区面积达72.9万平方千米，但比2010年下降幅度较大，降低了5.1个百分点。酸雨分布相对集中，主要分布在长江以南区域、云贵高原以东的部分区域，涉及的省份主要有江苏、上海、浙江、福建、湖南、广东、重庆、江西等地。较重酸雨区和重酸雨区的面积较小，占国土总面积的1.2%和0.1%。从酸雨频率来看，2015年全国有40.4%的城市出现了酸雨，比例较高但有所改善，比2010年下降了10.0个百分点，480个监测城市中的酸雨频率平均数为14%，酸雨频率在25%、50%和75%以上的城市比例分别为20.8%、12.7%和5.0%。

2）水体污染

我国水资源相对稀缺，人均水资源拥有量只有世界平均水平的1/4。我国北方地区更是严重缺水，人均水资源拥有量不到500立方米，许多省份因为缺

① 数据来自《2014年中国环境状况公报》。

② 数据来自《2015年中国环境状况公报》，本章2015年数据均来自此公报。

水面临着粮食欠收，甚至人畜饮水都成问题。工业污水和生活污水未经处理直接排放到江河湖泊的情况比比皆是，加上农业化肥污染导致的环境污染向农村地区蔓延，进一步加剧了我国水资源的污染。2015 年全国地表水污染情况为轻度污染，而有些河段污染较为严重。全国废水排放总量较大，达到 695.4 亿吨，其中大部分为城镇生活污水，达到 485.1 亿吨，占比 69.8%，工业废水排放量为 209.8 亿吨，占比 30.2%。我国主要淡水资源污染面积较大，十大水系、重点控制湖泊和 31 个淡水湖中，有将近一半水质受到不同程度的污染，海湾中辽东湾、渤海湾和胶州湾水质污染严重。长江口、珠江口等四个出口水域水质极差，劣Ⅴ（指丧失使用功能的水）占比达到 9%。这些水域污染较重，造成水资源短缺，辽河、淮河、黄河和海河被污染的河段达到 70%以上。2020 年，“水十条”提出，长江等七大重点流域水质优良（达到或优于Ⅲ类）比例达到 70%以上。主要河流受污染情况：一是长江流域。长江流域总体上是轻度污染，Ⅰ～Ⅲ类、Ⅳ～Ⅴ类和劣Ⅴ类水质断面比例分别为 89.4%、7.5%和 3.1%，其中西部的污染较为严重。污染导致水质变差，最直接的影响是鱼类大量减少，干流上表现为家鱼产卵场的减少，比如在南京以下江段盛产的鲥鱼、刀鱼大大减少，在非常严重的江段会出现鱼虾无法生存的情形。二是黄河流域。黄河流域总体上是中度污染，Ⅰ～Ⅲ类、Ⅳ～Ⅴ类和劣Ⅴ类水质断面比例分别为 58.1%、25.8%和 16.1%。重度污染主要在西北地区，比如黄河内蒙古巴彦淖尔段、汾河山西太原段以及渭河陕西西安段。从 20 世纪 80 年代开始，我国经济发展提速，黄河流域的污染物增长加快，2007 年污水排放量达到 44 亿吨，其中化学需氧量增加最快，排放量达到 140 万吨以上，氨氮排放量也在 15 万吨左右，这两个指标均超过黄河的水质环境容量。在全国水量中黄河水量占比为 2%，但污染量却达到全国水污染的 8%。三是其他水域情况。珠江水域的水质整体较好，优良类水质断面达到 94.4%，丧失使用功能的仅为 5.6%。珠江水域广州段呈现中度污染，深圳河深圳段为重度污染。松花江水域呈现轻度污染状况，优良水质断面达到 55.7%，该水域阿什河哈尔滨段为重度污染。淮河流域为中度污染，劣Ⅴ类水质断面比例达到 11.7%。海河流域为重度污染，劣Ⅴ类水质断面比例高达 39.1%。

除水域污染外，湖泊富营养化情况严重。2015 年，我国 62 个重点湖泊富营养化问题依然十分突出，满足Ⅰ类水质的仅有 5 个，占比为 8.1%，Ⅱ类水质的湖泊有 13 个，占比为 20.9%，Ⅲ类水质的湖泊有 25 个，占比为 40.3%，Ⅳ类水质的湖泊有 10 个，占比为 16.1%，Ⅴ类和劣Ⅴ类水质的湖泊分别为 4 个和 5 个，比例达到 6.5%和 8.1%。61 个国控重点湖泊中属于中度富营养、轻度富营养、中营养和贫营养的分别为2个、12个、41个和6个，比例分别是3.3%、19.7%、67.2%和9.8%。

3）固体废弃物污染

固体废弃物又称“垃圾”，主要是生活固体废弃物和工业生产固体废弃物。它对大气、水体和土壤都会产生污染，对人的身体健康也会产生危害，需要及时、认真处理这些废弃物。固体废弃物对农田的影响最大，其次是湖泊。大量的固体废弃物损坏了农田，导致这些地区面临着饮水困难。其他地方堆放的固体废弃物也会对土壤带来不利的影响，改变土壤结构，影响植物的生长环境。当部分固体废弃物燃烧时，还会产生一些有害气体，对空气造成一定程度的污染。

（1）生活垃圾。城市化进程的加快导致城市数量和规模不断扩大，城市垃圾对生态环境的破坏越来越严重，每年我国产生城市垃圾的数量达到10亿吨，年增长速度为10%左右。2015年，我国产生的城市生活垃圾总量为17889万吨，清运量达到17677万吨，处理量达到16681万吨。对农村生活垃圾管理规定少，同时对城市垃圾分类也较少。要解决这些问题必须明确责任主体职责，完善机制推动城乡生活垃圾综合处理，出台政策促进生活垃圾处理产业健康发展。

（2）建筑垃圾。我国每年产生的建筑垃圾总量为15～24亿吨，占城市垃圾总量的40%左右。到2020年，我国建筑垃圾总量可能达到峰值。建筑垃圾可以重复利用，通过对建筑垃圾分选、破碎和筛分加工，可以解决建筑材料生产资源短缺问题。未来建筑垃圾处理产业或成为新的经济增长点。

4）森林破坏与土地荒漠化加重

森林在生态系统中发挥着非常重要的作用，可以保持水土、涵养水分，对净化空气与防风固沙也具有一定的正向作用。2015年我国森林覆盖率达到21.63%，创历史新高，森林总面积达到2.08亿公顷，森林蓄积量达到151.37亿立方米，每公顷森林蓄积量为89.79立方米。随着我国森林面积和蓄积量的不断增长，森林质量得到很大程度的提升，森林的生态服务功能年价值也大大提高。但我国森林覆盖率仅相当于世界平均水平的61.3%，人均森林覆盖率仅为世界平均数的21.3%。我国森林破坏非常严重，可供采伐的成熟林和过熟林蓄积量大大减少，违法征地行为也导致林地不断减少。

我国土地荒漠化问题依然十分严峻，土地荒漠化给我国带来了很大的经济损失。第五次全国荒漠化和沙化监测结果显示，截至2014年，全国荒漠化土地面积达到261.16万平方千米，占国土总面积的16.7%，沙化土地面积172.12万平方千米。与2009年相比，荒漠化土地面积不断减少，总减少量达到12120平方千米，年均减少2424平方千米，沙化土地面积也减少了9902平方千米，年均减少了1980平方千米，呈现整体遏制、治理效果明显的态势，但防治形势还较为严峻。针对我国水土流失较为严重的情况，2015年我国计划实现新增水土流失治理面积25万平方千米，新建4000万亩高标准梯田，用于解决3000万群众吃粮难的问题。随着治理工作的推进，我国累计实现土地流失治理面积达到110万平方千米，实施坡耕梯田面积500万亩，1.5亿群众直接受益。

3.2.1.2 环境污染带来的负面影响

环境污染是经济发展过程中出现的必然现象，反过来也会给经济与社会发展带来负面影响。下面从经济损失、人民健康和国际舆论等方面，阐述环境污染给我国带来的负面影响。

1）环境污染造成重大的经济损失

随着经济发展和人民生活水平的提高，好的环境质量需求不断增长。环境污染反映到经济层面的损失主要是针对健康威胁带来的环境治理成本、农业原料和工农业生产的破坏、固体废弃物堆放造成土地的闲置损失，以及生态环境退化和自然资源损失等。按照国家环保部和统计局的计算标准，环境污染导致的经济损失指标高达20多项。在我国关于环境污染损失一直有研究报告，其用来评估伴随经济增长环境污染带来的经济损失，这当中最大的部分应该是来自空气污染和水污染，空气污染导致人类呼吸系统疾病的发病率增加，水污染导致腹泻和癌症等疾病的发病率增加，特别是幼儿的发病率增加很快，这两部分损失较大。一些突发性污染事件造成的直接经济损失也非常巨大，使社会不稳定因素增加，引起了人们的广泛关注。

2）环境污染威胁人民的生命和财产安全

环境污染事故频发对人民的生命和财产造成了非常严重的危害，具体如表3.1所示。

表3.1 2004—2014年我国发生的重大水污染事件

时间	事件	具体情况
2004年2月	四川沱江特大水污染事件	四川化工第二化肥厂将大量高浓度氨氮废水排入沱江支流毗河，导致62万千克鱼死亡，直接经济损失3亿元左右，沿江简阳、资中、内江三地被迫停水4周
2006年9月	湖南岳阳砷污染事件	当地3家化工厂排放工业污水，致使大量高浓度含砷废水流入县城饮用水源地新墙河，砷超标10倍左右，8万居民的饮用水安全受到威胁

续表3.1

时间	事件	具体情况
2007年5月	江苏沭阳水污染事件	工业园区企业违规排放，取水口的水中氨氮含量为每升28毫克左右，远远超出国家取水口水质标准，20万人用水受到影响
2008年6月	云南阳宗海砷污染事件	排污企业违规排放，湖泊中被测出砷浓度严重超出饮用水安全标准，直接危及两万人的饮水安全
2009年2月	江苏盐城水污染事件	标新化工厂为减少治污成本，居然趁大雨天偷排了30吨化工废水，最终导致自来水水源受到酚类化合物污染，江苏省盐城市大面积断水近67小时，20万市民生活受到影响，占盐城市市区人口的2/5
2009年4月	山东沂南砷污染事件	亿鑫化工有限公司非法生产阿散酸，并将产生的大量含砷有毒废水存放在一处蓄意隐藏的污水池中。后来趁当地降雨，这家公司用水泵将含砷量超标2.7254万倍的废水排放到南涑河中，造成水体严重污染
2010年7月	福建信宜紫金矿业铜酸水渗漏事件	紫金矿业集团有限公司紫金山铜矿湿法厂发生铜酸水渗漏，9100立方米污水顺着排洪涵洞流入汀江，后来该公司银岩锡矿高旗岭尾矿库发生溃坝事件，造成重大人员伤亡和财产损失
2011年8月	云南曲靖铬渣污染事件	陆良化工厂将5222.38吨重毒化工废料铬渣非法倾倒，导致珠江源头南盘江水质受到严重污染，当地农村77头牲畜死亡，并对周围农村及山区留下长期的生态风险
2014年5月	江苏靖江水污染事件	当地出现犯罪式排放、倾倒危废行为，导致饮用水水源地水质异常停止供水，全市近70万人的生产、生活因此受到影响，并引发了抢水潮

资料来源：由2004—2014年《中国环境状况公报》整理得出。

2014年，我国因环境污染共接到151.2万起电话和网络投诉，投诉信件总数达到11.3万件[①]。这些投诉说明环境污染已不仅仅是危害到自然生态系统的安全，还影响到人民的生命和财产安全。水污染导致大型河流、湖泊以及地下水的水质破坏，人们的饮用水安全受到威胁，百姓难以安定生活。城市居民的维权意识在提高，但农村居民维权意识相对较弱，乡镇企业发展迅速，农村地区的环境治理没有引起相关部门的足够重视，危害严重。

3）环境污染面临国际舆论的压力

我国是一个制造业大国，也处于“边污染，边治理”的阶段，总体的环境状况不容乐观。2005年，松花江出现重大的跨国界水污染事件，国际舆论对此非常关注，矛头指向中国的发展模式。从产业链分工看，我国处于产业链的

① 数据来自《全国环境统计公报（2014）》。

中低端，以加工制造业为主，该阶段高污染和高消耗并存，这种发展模式对世界总体环境带来极大的不良影响，很多国家纷纷要求中国做好节能减排工作，尤其是与我国相邻的国家更是表现出抗议情绪。还有部分国家从低碳经济的角度对我国的出口产品制定严格的要求，产生了一系列的贸易摩擦。

从节能减排看，我国确实面临着较大的国际舆论压力。国际能源署数据显示，2007 年我国由石化能源燃烧排放的二氧化碳总量为 60.3 亿吨，占全世界排放量的比例为 20.8%，比美国多出 2.6 亿吨，比欧盟成员国排放总量还高出 30%。我国部分专家认为我国正处于产业链条的制造环节，大量的碳排放是阶段性的，以后会逐渐改善。但许多国家还是认为我国要负担起碳排放大国的责任，这给中国的经济发展带来了非常大的挑战，需要在实现经济增长的同时注重环境问题，尽可能提高资源利用效率，发展新型、低碳和节能的经济成分，用实际行动应对国际舆论压力。

目前，我国正快速发展低碳经济。欧美国家对低碳经济关注较早，制定了关于产品能耗油耗的标准，并对进口产品执行这一标准。但是，每个国家的标准有差别，评价方法也有很大的差异。中国是一个贸易出口大国，出口是推动中国经济发展的三驾马车之一，出口量很大，低碳经济的标准和评价方法不一带来了很多贸易冲突和摩擦。外国技术性贸易壁垒将限制部分产品的出口，部分技术性壁垒与低碳标准相关性较强。“碳关税”是低碳经济催生出的税种。由于发达国家的环境保护技术和低碳技术具有较大的优势，“碳关税”的征收给发展中国家带来了非常不利的影响，需要发展中国家认真解读掌握各项技术标准和评价方法，以应对低碳经济下贸易高技术标准的壁垒。美国还出台了《清洁能源与安全议案》，将从 2020 年开始对不实行减排标准的国家征收惩罚性关税。

3.2.2　我国环境治理面临的挑战

我国现有的环境治理主要是将环境问题作为一个外部性问题，治理的方式是将污染带来的外部成本内部化，让企业来承担，使之规范自己的行为。学术界对这一问题已经有了成熟的理论体系。环境污染治理思路多样，但归结起来主要是三个途径：一是对排污企业征收特殊税收，本书称之为“庇古税”；二是建立排污权交易市场；三是通过政府的环境规制来约束污染行为。环境污染治理能带来两方面的好处：一是有助于抑制污染行为，防止环境的进一步恶化；二是倒逼企业改进技术，促进新兴产业的发展，扩大就业，倡导低污染、低能耗，转变经济增长发展方式。

通过征收“庇古税”、采取排污权交易的方法以及政府规制等手段有助于使外部成本内部化，有效治理环境，保持高质量的经济增长。但是，理论一定要与实践结合起来才能发挥正向作用，现实中环境治理方案在执行的过程中并不一定能达到既定的目标，现有体制会影响方案执行过程中的效率问题，最终影响环境治理的效果。现有文献对“庇古税”等三项举措的价值做了较多的探讨，但对其缺陷探讨较少。下面探讨这三项举措各自的缺陷。

1）“庇古税”存在的问题

在征收“庇古税”时，一定要了解排污企业实际排放的具体情况，这样才能更好地按单位污染排放量去征税。现实中，对排污企业的排放情况存在信息不对称，同时存在区域差异、寻租行为和职能部门冲突等问题。

（1）信息不对称问题。

在“庇古税”措施里，存在着企业的边际成本和社会的边际成本。这些成本究竟是多少，政府部门无法掌握这些信息。各地区的企业数量非常多，地方政府无法逐一考察和监督，掌握不了具体的信息也就无法正常实施“庇古税”。对企业来说，申报具体生产细节是没有任何动力的，于是环保部门无法了解具体情况，只能靠猜想去估计企业的污染总排放量以及给社会造成多大的损失。从好的方面来说，可能给最优税率的制定创造一次试错的机会，但不断的试错也会产生较多的成本，造成企业和社会的效率损失。总之，信息不对称条件下环保部门很难确定最优税率，社会最优污染排放规模也就难以实现。

（2）区域的差异问题。

“庇古税”是让所有的排污企业承担相同的成本，但由于地区差异会发生较大的冲突。我国经济东部发达、西部相对落后，这跟自然禀赋有关，跟经济基础也有关，执行统一的税收标准确实存在难度。西部经济发展落后，如果执行统一的严格标准来治理污染，将不利于西部地区招商引资。从流域来看，如果上游地区执行了“庇古税”，那么对下游地区利好，即产生了正的外部性，于是下游地区必然要对上游地区进行相应的补偿，才能实现公平性。因此，“庇古税”的征收在实际操作中存在一定的困难，区域性差异较大。

（3）环保部门双重领导的冲突。

地方环保部门作为地区环境治理的主管部门，承担着环境治理的职责。但是，环保部门受到地方政府和上级环保部门的双重领导，地方环保部门的领导是由地方政府任命的，未来的调配或晋升也由地方政府决定，上级环保部门对地方环保部门的工作绩效进行评价。地方政府和上级环保部门的目标不一致，地方政府以发展地方经济为目标，不会为做好环境治理而放慢经济增长速度，而环保系统的目标是做好环境治理。由于人事任免权力来自地方政府，因此地方环保部门的选择更倾向于地方政府，即适当放松对环境污染的管制，给排污企业做好“保护伞”，推动地方经济的增长。对违规排放非常严重的企业，地方环保部门经常采用罚款的手段来管理，结果污染越来越严重，由罚款增加的财政收入也越来越高，地方政府和排污企业实现了“合谋”。

（4）受害者没有从“庇古税”中得到补偿。

环境污染具有负外部性，对污染地区的居民生产生活带来不利影响，有时会危及居民的生命。“庇古税”征收或者罚款克服了负外部性，能够实现社会的公平正义，但没有对受害者进行利益补偿。比如，2011年云南曲靖某化工厂非法倾倒铬渣，导致附近的幸福村部分居民患上癌症，虽然排污企业受到政府的惩罚，但患病的村民却未得到补偿。另一个例子是云南阳宗海发生了环境污染事件，导致高原湖泊成为“砒霜湖”，附近很多企业和居民都受到了影响，虽然政府对排污企业进行罚款，但受害者并没有得到应有的赔偿。从以上事例可以看出，“庇古税”没有真正解决社会的公平正义。

（5）寻租行为的影响。

企业需要更多的利润，如果造成环境污染则希望缴纳较少的罚款，在造成较大污染、生产被政府暂停的情况下也希望通过“沟通”让生产继续。如果要实现这些目标，企业可以对官员采取“寻租”行为，使得政府放松对企业污染行为的管制，保证生产照常进行，哪怕缴纳更多的罚款，只要总利润在增长就是可行的。

（6）“庇古税”征收后被挪为他用，不利于生态建设。

“庇古税”征收的目的不仅仅是财政收入的需要，更重要的是征收以后的费用能够用来改善生态环境或者给受害者更多的补偿。现实中我国环境污染方面的征税用途并不到位，很多地区都把这些税费挪作他用，比如办公经费和生产性基础设施投资等。长此以往，我国的环境治理力度将大大削弱，影响经济与社会的可持续发展。

2）排污权交易存在的问题

我国学者早就对排污权交易进行了探讨。20世纪90年代，国家环保总局在16个重点城市做了大气污染权交易试点，这些试点为排污权许可证立法提供了实践基础。国家环保总局还与美国环保机构、世界银行等国际组织合作，对排污权许可证交易制度进行研究，探讨其必要性和可行性。排污权许可证交易制度是一个能较好控制污染总量的措施，但真正操作起来又面临这样那样的困难，最主要的困难来自配套制度，没有配套制度的措施独立发挥作用较难。还有部分学者认为，排污权交易制度在执行过程中存在较大的问题，没有根本改变“先污染，后治理”的做法。其背后的原因主要有以下几个方面：

（1）排污权确定的交易费用较高。

要进行排污权市场交易需要界定好产权，而环境资源属于公共产品，具有非竞争性和非排他性。在已有制度条件和技术水平下界定环境资源具有较大的成本。当这一成本足够高时，通过产权交易获得的收益大大减少，排污企业没有积极交易的热情，也就无法实现环境资源配置最优化。

（2）可能出现定价污染源联盟和掠夺性污染源联盟。

排污权交易市场要做到自然出清，就必须要有完善的排污权交易制度作为保障。而当排污企业形成价格联盟和掠夺性污染源联盟时，就会造成排污权市场“失灵”。具体的原理是，排污企业之间通过私下协定，进行串谋，定价污染源联盟可以操纵许可证价格，从而增加排污企业的收益。掠夺性污染源联盟的建立有助于降低生产与销售竞争。对于这些不法联盟，如果政府没有做好监管，那么将影响排污权市场的正常交易。

（3）寻租行为的影响。

在讨论“庇古税”部分时就已经提到寻租行为，而排污权市场也需要政府的规范管理，此时排污企业有寻租的可能性。在排污权市场出现寻租行为时，会降低资源的配置效率，但并不能创造财富，却改变着生产要素的产权关系。地方政府在这种情况下，有动力“设租”，获得更多的收益，排污企业也愿意用寻租行为来获取污染排放权，地方政府与排污企业之间的私下交易降低了资源的配置效率，不利于排污权市场的规范。

3）政府规制方面的问题

政府通过制定排污标准，对排污企业进行环境规制。政府发现企业违规排放，对企业进行处罚甚至要求企业停产。政府在制定标准和监管企业的过程中需要花费大量的成本。政府在进行环境规制时也会出现“政府失灵”的现象，政府失灵是指政府不能克服市场失灵的情况而干扰了市场机制的正常运行，使得资源配置效率低下，远离帕累托最优，政府失灵带来的经济损失远大于市场失灵。当出现环境规制政府失灵后，将呈现以下几个方面的特征：

（1）行政指令的经济效率低下。

污染问题如果用一种市场化的手段来管理，那么它是自发而有序的，但鉴于环境资源的公共产品属性，很难采用市场化手段。政府对环境污染问题的治理对于已掌握的环境污染情况，可以做到短时间内惩罚违规排放行为，现实中很多违规排放都无法准确地掌握，且每个企业都有各自的情况，统一制定排放标准和上限，将忽略企业的污染边际成本和减少排放的动态成效，企业没有灵活处理的机会。因此，环境问题的行政干预可以收到较好的治理效果，但没有市场调控的效率高，总的成本也非常高。

（2）产生更大的寻租行为。

寻租行为是指利用某种职权谋求个人或小集团利益的行为，政府只要存在环境规制就可能获取租金收入。作为排污企业，如果对地方官员进行寻租，就可能支付较低的费用，环境污染这一外部性没有完全转化为内在的成本，排污企业获利，环境污染转嫁给了其他的受害人。只要排污企业绑架了政府官员，违规排放行为的管制将减弱，环境污染问题就无法妥善得到解决。

（3）排污企业更愿意被罚款，而不是购买排污权许可证。

地方环保部门对排污企业违规排放的最高罚款金额为 10 万元，出现最高罚款时实际污染带来的负面影响很大，罚款后需要对企业进行整改，甚至要求其停产，但现实中环保部门认为有了罚款就相当于获得了污染排放权，而不对企业给予警告。一般来说，由于资源的稀缺性，排污企业获取排污权许可证的成本往往高于罚款。因此，很多企业更愿意接受罚款而不是购买排污权许可证。

总之，以上针对环境污染外部性问题，解决的方法就是让污染带来的外部成本内部化，让企业来承担，使之规范自己的行为。学术界对这一问题早已有成熟的理论体系，归结起来主要有三种方式：征收“庇古税”、建立排污权交易市场和政府进行环境规制。以上三种方式要想真正发挥作用，前提是政府正常履行职能，在环境治理过程中真正代表广大民众利益，严格规范排污企业的行为。然而，地方政府出于经济绩效和晋升机会的需要，扮演着“理性经济人”的角色，加上寻租腐败的影响，其在环境治理中很可能放松环境规制，排污费只是增加了地方财政收入，并没有从根本上改善违规排污状况。

3.3　本章小结

本章首先界定地方政企合谋的含义、基本框架及相关的制度背景。关于制度背景主要介绍了环境保护行政管理体制、地方官员政绩考核制度、财政分权制度、地方政府多元化目标冲突和政治周期。接着，介绍了我国环境污染状况及环境治理过程中面临的挑战。环境问题一般可以采用市场化手段来使得外部性问题内部化，当地方政府为了增加财政收益、晋升机会和租金收益，默许排污企业采用非环保的生产方式时，难以站在公共利益的立场履行好环境监管的职责，采用市场化手段解决环境污染的外部性问题，可能同时出现“市场失灵”和“政府失灵”，使得我国的环境问题更为严重。

第 4 章　地方政企合谋影响环境污染的理论分析

本章基于影响地方政企合谋的动力机制，从财政收益、晋升激励和租金收益三个动力因素出发，提出地方政企合谋影响环境污染的作用机理。同时，基于“委托人—监督者—代理人”（P—S—A）框架构建博弈理论模型，对影响机理进行论证，并提出相关命题，为分析地方政企合谋与环境污染之间的内在逻辑关系提供微观基础。

本章分为四个部分：第一节介绍地方政企合谋影响环境污染的作用机理；第二节构建地方政企合谋影响环境污染的理论模型；第三节是扩展性讨论；第四节对本章进行小结。

4.1　地方政企合谋影响环境污染的作用机理

4.1.1　影响地方政企合谋的动力机制

本章认为地方政府参与合谋，其动力因素主要来自三个方面，即财政收益、晋升激励和租金收益。一般来说，财政分权程度越高、晋升激励越强、租金收益越大，地方政企合谋的程度越深，环境污染就越严重。地方政府与排污企业合谋，能够提高财政收益和租金收益，也能通过提高政绩增加更多的晋升机会，但由于带来更大的污染，对官员的晋升也会带来不利的影响。下面分别讨论影响地方政企合谋动力机制中的三大动力因素。

1）财政收益

财政分权程度越高，地方财政收入越高，地方官员就越有动力与地方企业合谋。地方财政收入是地方政府为了履行职能、实施公共政策和提供公共物品与服务需要而筹集的一切资金的总和，可以分为地方财政预算收入和预算外收入。从 1994 年分税制改革到 2016 年“营改增”改革，中央与地方财政关系一直在调整，重点是调整共享税。当前，中央和地方共享的税收包括增值税、企业所得税、个人所得税、证券交易印花税等。2003 年，地方政府获得企业所得税和个人所得税的分成从 50%调整到 40%。2016 年“营改增”后，地方政府获得增值税的分成从 25%调整到 50%。只要分税制存在，地方政府就有动力与排污企业合谋，做大分成的“蛋糕”。地方政府拥有财权的目的是更好地履行事权责任，财政收入越高，履行事权情况就越好。

2）晋升激励

地方政企合谋是地方政府与排污企业合谋，地方政府参与合谋的实际主体是地方官员，地方官员参与合谋的主要动力是增加晋升机会，而增加晋升机会最主要的是增加地区 GDP，地方官员考核制度主要是 GDP 单一指标考核制度，随着国家对经济与社会的可持续发展的重视，GDP 虽然不是唯一指标，例如增加了环境治理等指标，但增加的这些指标不是硬性指标，并且环境污染数据由环保部门提供，环保部门官员由地方主要官员管辖，因此对数据的操纵能力很强[108]。地方官员与排污企业合谋可以提高经济绩效，但带来更多的环境污染，前者对晋升具有正向作用，后者具有负面影响。合谋提高政绩带来的晋升激励越强，地方官员越有动力与排污企业合谋。现实考量中必须兼顾环境污染问题，这也是地方官员晋升的一个约束条件。

由此可见，地方政企合谋对于官员晋升是一把“双刃剑”，地方官员要想获得晋升机会，不能一味地加强与排污企业合谋，应该根据任期的不同时期选择策略性合谋。具体而言，在任期的初期，地方经济发展面临较大的不确定性，加上我国省级官员平均任期时间较短，要想做大 GDP 获得较好的政绩，为晋升做好准备，地方官员往往铤而走险，加大与企业合谋的趋势，默许企业采用非环保的生产方式。在任期中期，为了扩大政绩，地方政企合谋行为进一步加强。而在地方官员任期后期，其取得的政绩优劣已经确定，继续与地方企业合谋提高政绩的正效用减弱，合谋伴随的污染加大给中央和公众带来的负效用增加，地方官员往往减少与排污企业合谋，规范排污企业生产方式，使得污染物排放量减少。

3）租金收益

租金收益是排污企业采用非环保生产方式节约的成本中给予地方政府的分成，是地方政府获得的回报，包括额外的税收、费用、多雇佣本地人或地方官员的亲戚、企业的控制权甚至给予地方官员的贿赂，还有在地方政府出现重大困难时企业提供的援助。这部分收益很难衡量，但又客观存在，将这一动力因素列进来是为了使得本章对动力机制的分析更为全面。

以上三个方面的动力因素都影响着地方政企合谋的强度，进而影响环境污染水平，这就使得作用机理更为清晰，有助于抓住解决环境污染问题的关键。

4.1.2 地方政企合谋对环境污染的直接和间接影响

地方政企合谋对环境污染的直接影响，主要是指地方政府通过放松环境规制、降低环保要求，使得企业选择非环保的生产方式，违规排放，增加经济产出，最终加大环境污染。地方政企合谋对环境污染的间接影响，主要指地方政府降低环境规制水平，吸引新的排污企业进入，增加了经济产出，带来了更多的污染。结合地方政企合谋对环境污染的直接和间接影响，地方政府与排污企业合谋，放松了环境规制，参与合谋的排污企业增加产出，吸引了新的排污企业进入，加大了该地区第二产业的产值，最终导致环境污染进一步恶化。

以上分析说明，短期内地方政企合谋带来了工业增长与环境污染。结合EKC曲线假说，从长期来看，地方政企合谋通过影响经济增长从而对环境污染产生比较复杂的影响。一方面，地方政企合谋对经济增长可能存在双重效应；另一方面，经济增长与环境污染之间的关系也存在不确定性，这跟各国经济发展水平等因素差异有关，必须从一国的具体情况来研究地方政企合谋对环境的影响。

目前，还没有学者基于EKC曲线来研究地方政企合谋影响经济增长，从而影响环境污染，只有学者从腐败角度对EKC曲线进行讨论。Pellegrini和Gerlagh（2006）[205]利用斯坦克伯格博弈模型分析腐败对EKC曲线的影响，研究得出不论政府是否与排污企业合谋，EKC曲线都存在，但腐败可以提高曲线的拐点来加大环境污染。Smarzynska和Wei（2001）[206]研究发现腐败具有税收作用，对经济增长有负面影响，同时降低社会支出和受教育机会，增加不平等和贫困，短期内阻碍国家的经济发展。从各个地区来看，由于经济发展水平存在差异、自然禀赋不同，地方政企合谋间接影响环境污染必然具有地区差异。

结合地方政企合谋与经济增长，分经济发展阶段和不同地区探讨地方政企合谋对环境污染的影响。在经济发展初期或者经济落后地区，经济基础比较薄弱，市场竞争秩序没有建立起来，地方政企合谋对刚建立起来的经济发展环境是一种破坏。在经济发展中期或者经济发展良好地区，经济增长与环境污染之间的矛盾逐渐激化，人们受教育水平提高，对健康和环保的要求越来越高，法制观念也在增强，但并没有建立完善的法律监督体系和完善的市场竞争机制。地方政企合谋对经济增长的正效应增强，根据EKC曲线，经济增长使环境污染加剧，地方政企合谋加大了环境污染的水平。在经济高度发达阶段或者经济发达地区，法律监督制度完善，执行力度较大，高污染的第二产业逐渐被高新技术产业取代，第三产业发展较快，产业结构更为合理。政府官员更倾向于认真执行环境保护政策、技术创新政策和节能减排措施，地方政企合谋对环境污染的影响减少。

根据影响地方政企合谋的动力机制，结合地方政企合谋对环境污染的直接和间接影响，提出地方政企合谋影响环境污染的作用机理，如图 4.1 所示。

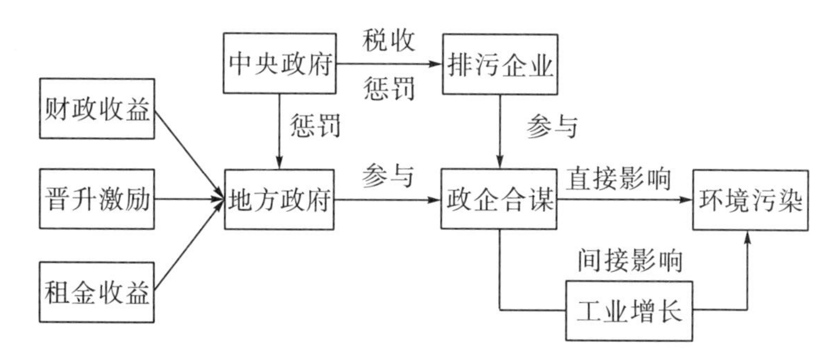

图 4.1　地方政企合谋影响环境污染的作用机理

4.2　地方政企合谋影响环境污染的 P—S—A 理论模型

在地方政企合谋分析框架中，也给出了中央政府在事故发生前的策略选择，即防范合谋。中央政府在直接监督生产者时面临着信息不对称，难度很大，同时为了巩固自身的执政地位，也面临着促进经济增长的硬任务。而当环境污染事故被媒体频繁曝光、公众意见较大，进而影响到社会稳定时，中央政府会对地方政府和排污企业给予惩罚。下面基于“委托人—监督者—代理人”（P—S—A）理论框架，用严谨的数理模型分析地方政企合谋对环境污染的影响。

梯若尔（1986）[19]、拉丰和马赫蒂摩（1996）[188]提出的经典合谋理论，将合谋定义为监督者帮助代理人隐藏信息从而欺骗委托者的行为。基于他们提出的“委托人—监督者—代理人”（P—S—A）三级纵向研究框架，同时参考聂辉华和李金波（2006）[148]、聂辉华（2013）[149]提出的地方政企合谋模型，本书提出地方政企合谋影响环境污染的博弈理论模型。本章的理论模型与聂辉华等学者的研究都是基于 P—S—A 框架，但侧重点不一样。他们的理论模型主要是解释中国经济高增长率和高事故率并存的原因，并求解默许合谋契约和防范合谋契约，而本章理论模型的重点是对地方政企合谋影响环境污染的作用机理进行论证。在研究地方政企合谋是如何影响环境污染时的侧重点不一样，所以推导的过程和讨论的问题差别较大。为了达成研究目标，本章的理论模型在假定上还做了以下三个方面的改进。

1）地方政府和中央政府效用函数的改进

财政收益、晋升激励与租金收益加大了地方政企合谋，进而影响环境污染。以往的研究主要是将财政收益与租金收益纳入地方政府目标函数，晋升激励并未纳入进来，而增加晋升机会也是地方官员参与合谋的主要动机。本书认为地方政企合谋增加的经济绩效对地方官员的晋升有正效用，而地方政企合谋带来的污染对地方官员的晋升有负效用。在中央政府目标函数中，地方政企合谋增加的经济绩效对中央政府的执政地位带来了正效用，而合谋伴随的污染给中央政府的执政地位带来了负效用。

2）将中央监督成本加入模型中

为了加强对地方政企合谋的防范，中央监督需要对第四方监督（如媒体或公众）进行扶持，提高其监督能力，因此需要考虑监督成本。已有模型在扩展性讨论中已经提到，但没有加入理论模型中。

3）中央政府征税的基础不同

已有模型是对企业的产出进行征税，而本章征税的基础是企业所得，即扣除成本后的产出，这更符合实际情况。

4.2.1 模型基本假定

4.2.1.1 博弈参与人

1）中央政府假定

中央政府的最终目标是取得执政地位的稳固，实现社会福利最大化。中央政府对地方政府的行为存在信息不对称，可以观察到地方经济的产出情况，但不清楚地方政府是否努力工作，发展地方经济的同时需监督好企业采取环保方式进行生产。假定中央政府对企业的税率为 α，中央政府对地方政府支付报酬 ω，由于信息不对称，地方政府会出现道德风险，为了减少道德风险行为，分成契约就是最优的契约。假设地方政府从中央政府分成 β，环境污染事故造成的社会成本由中央政府承担。F_S 和 F_A 为地方政企合谋被第四方（媒体或者公众）曝光后，中央政府选择防范合谋情况下对地方政府和排污企业给予的惩罚，而中央政府在选择默许合谋情况下就不会给予惩罚。实际操作中，对地方政府的惩罚方式更多的是降职或者撤职，对企业主要是给予经济处罚。很明显，地方政府和企业的收益远大于惩罚。因为环境污染事故会带来除经济损失之外的政府公信力问题，影响公众对中央政府的政治支持，因此中央政府不希望企业采取非环保的方式进行生产。

2）地方政府假定

在信息不对称的条件下，中央政府无法直接管理地方排污企业，常常委托地方政府监管排污企业。在中国式分权体制下，地方政府成为理性经济人，存在较大的道德风险，有动力与排污企业私下签订契约，违背中央政府的意愿，做排污企业的“保护伞”，以获取更多的经济收益和晋升机会。地方政府是连接中央政府与企业的桥梁，既与中央政府发生直接联系，又与排污企业发生联系。地方政府对排污企业掠夺的方式较多，前面在“地方政企合谋”概念中就提到，包括额外的税收、费用、多雇佣本地人或地方政府的亲戚、企业的控制权甚至给予地方政府的贿赂[149]。除此之外，还有政府在出现重大困难时要求企业伸出援助之手。这里把地方政府获得的利益统称为“租金收益”，并假定合谋时交易成本为零。令 $\Delta c = \bar{c} - \underline{c}$，$\Delta c$ 为企业选择非环保的生产方式时省下的成本，称为“租金”。租金收益来源于租金分成，假设分成比例为 k。

3）排污企业假定

假定排污企业有两种生产方式 $\theta = \{\underline{\theta}, \bar{\theta}\}$，从而产生两种生产成本。$\bar{\theta}$ 表示选择环保方式进行生产，生产成本较高，假设成本为 $\bar{c}$；$\underline{\theta}$ 表示选择非环保方式进行生产，成本为 $\underline{c}$。企业能够选择非环保的方式违规生产，前提是与地方政府实现合谋。假设出现事故的概率为 p，被第四方（媒体、公众）曝光的概率为 ρ。社会成本包括两个部分——显性成本和隐性成本，前者主要是指人、财、物的损失，后者主要是环境污染事故造成不好的舆论，对政府的公信力带来不良影响，会影响公众对政府的政治支持，最终影响中央政府的形象。假设企业的总产出标准化为 1。

4.2.1.2　信息结构

中央政府对地方政府和排污企业都存在信息不对称，不知道地方政府是否努力工作，也不清楚排污企业的经营状况和排污情况。企业如果选择环保的生产方式就不会出现事故，选择非环保的生产方式就可能出现事故。假设出现事故的概率为 p，出现事故后以 ρ 的概率被第四方（媒体或公众）发现并向中央政府报告。一旦中央政府从第四方知道事故的发生，就认定地方政府与排污企业形成了地方政企合谋。

假设地方政府有很强的能力与信息条件，对排污企业是否采取环保的方式进行生产是完全知悉的。

4.2.1.3 效用函数

1）中央政府的效用函数

中央政府对企业所得征税 $\alpha(1-c)$，税率为 α，排污企业所得为 $1-c$，c 为排污企业的成本。企业产出对中央政府执政地位带来正效用 $m(1-c)$，而伴随的污染对中央政府执政地位产生负效用 $n\Delta c$，污染与租金大小成正比，即采用非环保生产方式带来低成本，租金越大，污染越严重。如果企业采取环保的生产方式，则租金为零。在防范合谋的情形下，中央政府对于曝光的环境污染事故给予地方政府和排污企业惩罚，分别为 $p\rho F_S$ 和 $p\rho F_A$，而在默许合谋情况下不给予惩罚。默许合谋是信息不对称造成的，也是中央政府的策略选择，这反映了当前中央政府对企业群体的态度具有双重性。一方面，企业群体对执政集团的支持越来越重要；另一方面，获得企业支持的经济成本越来越大。现实中，地方媒体受到地方政府的限制，不能如实报道环境污染事故的情况。被曝光的污染事故可能是很小的一部分，无法反映现实情况。因此，要想使媒体发挥正常的作用，中央政府需要保护新闻媒体，使得其具有独立性，客观报道相关情况。为了获得地方政企合谋的信息，中央政府必须给予媒体扶持，因此中央政府需要付出监督成本 $p\rho\tau$。

2）地方政府的效用函数

根据财政分权制度安排，地方政府从中央政府分成 $\alpha\beta(1-c)$，分成比例为 β，分成比例反映财政分权的程度。企业产出同样对地方政府带来正效用 $\eta(1-c)$，如果采用非环保的生产方式必将带来污染，污染也会带来负效应 $\mu\Delta c$。地方政府与排污企业形成合谋后，排污企业给地方政府输送利益 $k\Delta c$，即地方政府从租金收益中分成。在中央政府防范合谋的情况下，地方政府采用非环保的生产方式出现环境污染事故，一旦曝光将遭受中央政府的惩罚 $p\rho F_S$。

3）排污企业的效用函数

在收益方面，排污企业被中央政府征税后剩下收益 $(1-\alpha)(1-c)$。如果地方政府与排污企业形成合谋，排污企业采用非环保的生产方式，一方面需要给地方政府输送利益 $k\Delta c$；另一方面在中央政府防范合谋的情况下，污染事故被曝光后企业将遭受中央政府的惩罚 $p\rho F_A$。

U_i^j 代表博弈参与人 i 在条件 j 下的预期效用函数，下标 P、S 和 A 分别表示中央政府（委托人）、地方政府（监督者）和企业（代理人）。

4.2.1.4　博弈时序

本书给出了一个完全信息动态博弈模型。博弈时序如图 4.2 所示。

（1）中央政府是英明的，是全民利益的代表，不会允许地方政府与排污企业合谋，选择“默许”是因为信息不对称，监督难度较大。为了理论的完整性，中央政府对地方政府与企业合谋有两个策略选择，即“默许”和“防范”，然后提供一个“要么接受，要么离开”的总契约给地方政府和企业。如果地方政府和企业不接受该总契约，则博弈终止；如果接受，则博弈继续。

（2）地方政府有两个策略选择，“不合谋”与“合谋”。如果地方政府不与排污企业合谋，必然要求排污企业采取环保的生产方式生产；如果选择合谋，则默认排污企业采取非环保的生产方式生产。在合谋情形下，地方政府与企业签订私下合约。

（3）企业有两个策略选择，“环保生产方式”和“非环保生产方式”。前者不需要找地方政府，后者需要找地方政府实现合谋。此时，私下合约被执行。

（4）企业采取非环保生产方式，环境污染事故发生的概率为 p，并且第四方（媒体或公众）以概率 ρ 对外披露。

（5）总契约被执行。可以把这个完全信息动态博弈过程描绘成一个广延式的博弈树，如图 4.2 所示。

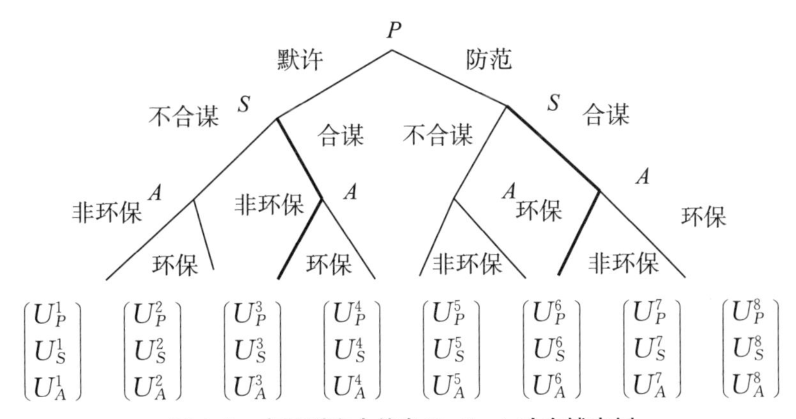

图 4.2　广延型完全信息 P-S-A 动态博弈树

4.2.2　模型均衡的求解

本章采用逆向归纳法来求解此博弈的均衡。从逆向求解的思路来看，必须首先求解企业的选择，即选择“非环保”或“环保”的策略。其次确定作为企业监督者的地方政府的策略选择，即选择“不合谋”或者“合谋”的策略。最后确定委托人的最优策略选择，即“默许合谋”或者“防范合谋”。现实中，中央政府由于信息不对称，在无法甄别地方政府与企业是否具有合谋行为时，被动选择“默许合谋”这一策略，而一旦地方政府与企业合谋时发生环境污染事故，中央政府将对地方政府和排污企业给予惩罚。因此，中央政府是英明的，代表全民利益，并不存在真正意义上的“默许合谋”。

4.2.2.1 默许合谋下地方政府与排污企业的策略选择

1）排污企业的策略选择

（1）地方政府选择与企业“不合谋”的情况下，如果企业选择“非环保”方式生产，由于不存在合谋，且前面假定了地方政府对企业的生产方式信息对称，地方政府将制止这一生产方式，排污企业发现惩罚很大，必须改变生产方式，被迫选择环保生产方式。企业选择环保生产方式后，成本较高，需要向中央政府交纳企业所得税，税率为 α。此时，企业的预期效用为

$$U_A^2=(1-\alpha)(1-\bar{c}) \tag{4.1}$$

地方政府从中央政府所征收的税收中分成，企业产出对地方官员晋升带来正向作用，系数为 η。此时，地方政府的预期效用为

$$U_S^2=\alpha\beta(1-\bar{c})+\eta(1-\bar{c}) \tag{4.2}$$

中央政府获得税收，同时企业产出对中央政府的执政地位带来正向作用，系数为 m。此时，中央政府的预期效用为

$$U_P^2=\alpha(1-\beta)(1-\bar{c})+m(1-\bar{c}) \tag{4.3}$$

（2）地方政府选择与企业“合谋”的情况下，企业如果选择“非环保”的生产方式，成本较低，节约的成本构成了租金收益，企业从租金收益中分出一部分向地方政府输送利益。由于中央政府默许合谋，使得合谋“合法化”，发生的污染事故被曝光后排污企业不会受到惩罚。此时，企业的预期效用为

$$U_A^3=(1-\alpha)(1-\underline{c})-k\Delta c \tag{4.4}$$

地方政府选择与排污企业合谋，接受排污企业输送利益，企业产出对地方官员晋升带来正效用，系数为 η，同时伴随的污染对地方官员带来负效用，系数为 μ，污染越大负效用越大。由于中央政府默许合谋，使得合谋“合法化”，发生的污染事故被曝光后地方政府不会受到惩罚。此时，地方政府的预期效用为

$$U_S^3=\alpha\beta(1-\underline{c})+\eta(1-\underline{c})-\mu\Delta c+k\Delta c \tag{4.5}$$

中央政府不会对地方政府和排污企业给予惩罚，也减少了监督成本，企业产出对中央政府的执政地位带来正向作用，系数为 m，伴随的污染对中央政府的执政地位带来负效用，系数为 n，污染越大负效用越大。此时，中央政府的预期效用为

$$U_P^3 = \alpha(1-\underline{c}) + m(1-\underline{c}) - n\Delta c \tag{4.6}$$

企业也可能选择环保的生产方式，成本较高，但只需要向中央政府交税，不需要向地方政府输送利益。此时，企业的预期效用为

$$U_A^4 = (1-\alpha)(1-\bar{c}) \tag{4.7}$$

地方政府从中央政府获得税收分成，企业产出对地方官员晋升带来正效用，系数为 η。此时，地方政府的预期效用为

$$U_S^4 = \alpha\beta(1-\bar{c}) + \eta(1-\bar{c}) \tag{4.8}$$

企业产出对中央政府的执政地位带来正向作用，系数为 m。此时，中央政府的预期效用为

$$U_P^4 = \alpha(1-\beta)(1-\bar{c}) + m(1-\bar{c}) \tag{4.9}$$

当 $U_A^3 \geqslant U_A^4$ 时，排污企业的优势策略是选择非环保的生产方式进行生产，即

$$(1-\alpha)(1-\underline{c}) - k\Delta c \geqslant (1-\alpha)(1-\bar{c}) \tag{4.10}$$

进一步简化可得

$$\alpha + k \leqslant 1 \tag{4.11}$$

式（4.11）说明，中央政府对排污企业征税的比例越低，地方政府获得租金分成的比例越低，排污企业越会选择非环保的生产方式，即接受地方政府合谋邀约。

2）地方政府的策略选择

经过以上分析，发现在地方政府选择与企业不合谋时，企业的策略只有一个，即选择“环保”的生产方式。当地方政府有意愿与企业合谋时，企业的优势策略是接受地方政府的合谋邀约，选择“非环保”的生产方式进行生产。

此时，地方政府的优势策略取决于选择“合谋”和“非合谋”情况下自己的效用水平大小。当 $U_S^3 \geqslant U_S^2$ 时，地方政府的优势策略选择是与排污企业“合谋”，即

$$\alpha\beta(1-\underline{c}) + \eta(1-\underline{c}) - \mu\Delta c + k\Delta c \geqslant \alpha\beta(1-\bar{c}) + \eta(1-\bar{c}) \tag{4.12}$$

进一步简化可得

$$\alpha\beta + \eta - \mu + k \geqslant 0 \tag{4.13}$$

式（4.13）说明，默许合谋情形下，地方政府从中央政府分成的比例越高，经济产出对地方官员晋升的正效用越大，环境污染对地方官员晋升的负效用越小，地方政府从租金分成的比例越低，地方政府越会选择与排污企业合谋。

4.2.2.2 防范合谋下地方政府与排污企业的策略选择

1）排污企业的策略选择

（1）地方政府选择与企业“不合谋”的情况下，如果企业选择“非环保”方式生产，由于不存在合谋，且前面假定了地方政府对企业的生产方式信息对称，地方政府将制止这一生产方式，排污企业发现惩罚很大，必须改变生产方式，被迫选择环保生产方式。排污企业只需要向中央政府缴纳税金，税率为α。此时，排污企业的预期效用为

$$U_A^6=(1-\alpha)(1-\bar{c}) \tag{4.14}$$

地方政府从中央政府获得税收分成，企业产出对地方官员晋升带来正效用，系数为η。此时，地方政府的预期效用为

$$U_S^6=\alpha\beta(1-\bar{c})+\eta(1-\bar{c}) \tag{4.15}$$

企业产出对中央政府的执政地位带来正向作用，系数为m。由于中央政府要防范合谋，在扶持第四方（媒体）时付出监督成本$p\rho\tau$。此时，中央政府的预期效用为

$$U_P^6=\alpha(1-\beta)(1-\bar{c})+m(1-\bar{c})-p\rho\tau \tag{4.16}$$

（2）地方政府选择与企业“合谋”的情况下，只要存在合谋，企业如果选择“非环保”的生产方式，成本较低，节约的成本构成了租金收益，企业从租金收益中分出一部分向地方政府输送利益。由于中央政府防范合谋，发生污染事故被曝光后排污企业会受到惩罚。此时，企业的预期效用为

$$U_A^7=(1-\alpha)(1-\underline{c})-k\Delta c-p\rho F_A \tag{4.17}$$

地方政府选择与排污企业合谋，接受排污企业输送的利益，企业产出对地方官员晋升带来正效用，系数为η，同时伴随的污染对地方官员带来负效用，系数为μ，污染越大负效用越大。由于中央政府防范合谋，发生污染事故被曝光后地方政府会受到惩罚。此时，地方政府的预期效用为

$$U_S^7=\alpha\beta(1-\underline{c})+\eta(1-\underline{c})-\mu\Delta c+k\Delta c-p\rho F_S \tag{4.18}$$

中央政府不会对地方政府和排污企业给予惩罚，也减少了监督成本，企业产出对中央政府的执政地位带来正向作用，系数为m，伴随的污染对中央政府的执政地位带来负效用，系数为n，污染越大负效用越大。此时，中央政府的预期效用为

$$U_P^7=\alpha(1-\beta)(1-\underline{c})+m(1-\underline{c})-n\Delta c+p\rho F_S+p\rho F_A-p\rho\tau \tag{4.19}$$

企业也可能选择“环保”的生产方式，不用向地方政府输送利益，同时不会受到惩罚。此时，企业的预期效用为

$$U_A^8 = (1-\alpha)(1-\bar{c}) \tag{4.20}$$

地方政府从中央政府获得税收分成，企业产出对地方官员晋升带来正效用，系数为 η。此时，地方政府的预期效用为

$$U_S^8 = \alpha\beta(1-\bar{c}) + \eta(1-\bar{c}) \tag{4.21}$$

企业产出对中央政府的执政地位带来正向作用，系数为 m。由于中央政府要防范合谋，在扶持第四方（媒体）时付出监督成本 $p\rho\tau$。此时，中央政府的预期效用为

$$U_P^8 = \alpha(1-\beta)(1-\bar{c}) + m(1-\bar{c})p\rho\tau \tag{4.22}$$

当 $U_A^7 \geqslant U_A^8$ 时，排污企业的优势策略是选择非环保的生产方式进行生产，即

$$\alpha\beta(1-\underline{c}) + \eta(1-\underline{c}) - \mu\Delta c + k\Delta c - p\rho F_S \geqslant (1-\alpha)(1-\bar{c}) \tag{4.23}$$

进一步简化可得

$$\Delta c \geqslant \frac{p\rho F_A}{1-\alpha-k} \tag{4.24}$$

式（4.24）说明，环境污染事故出现的概率越低，事故出现后被第四方发现的概率越低，曝光后中央政府对排污企业的惩罚越低，中央政府对排污企业征税的比例越低，地方政府从租金分成的比例越低，即排污企业参与合谋的成本越低、收益越高，越会选择非环保的生产方式，加大环境污染。

2）地方政府的策略选择

经过以上分析，发现在地方政府选择不与排污企业合谋时，企业的策略只有一个，即选择“环保”的生产方式。当地方政府有意愿与排污企业合谋时，企业的优势策略是接受地方政府的合谋邀约，选择“非环保”的生产方式。

此时，地方政府的优势策略取决于选择“合谋”和“非合谋”情况下自己的效用水平大小。当 $U_S^7 \geqslant U_S^6$ 时，地方政府的优势策略选择是与排污企业“合谋”，即

$$\alpha\beta(1-\underline{c}) + \eta(1-\underline{c}) - \mu\Delta c + k\Delta c - p\rho F_S \geqslant \alpha\beta(1-\bar{c}) + \eta(1-\bar{c}) \tag{4.25}$$

进一步简化可得

$$\Delta c \geqslant \frac{p\rho F_S}{\alpha\beta+\eta-\mu+k} \tag{4.26}$$

式（4.26）说明，在中央政府防范合谋的情况下，环境污染事故出现的概率越低，事故出现后被第四方发现的概率越低，曝光后中央政府对地方政府的惩罚越低，地方政府从中央政府分成的比例越高，经济产出对地方官员晋升的正效用越大，环境污染对地方官员晋升的负效用越小，地方政府从租金分成的

比例越高，地方政府越会选择与排污企业合谋。

本书第3章阐述了在地方政企合谋中地方政府处于较为重要的地位，因此需要重点关注什么因素助推了地方政府主导合谋，进而对环境污染产生影响。根据式（4.13）和式（4.26）的相关变量，β 表示财政分权程度，其值越大表示地方政府的财政收益越大；η 表示影响地方官员晋升的正效用，μ 表示影响地方官员晋升的负效用，η 值越大、μ 值越小表示地方官员晋升的机会越大；k 表示地方政府获得的租金收益比例，其值越大，地方政府的租金收益越大。总之，β 值越大、η 值越大、μ 值越小、k 值越大，式（4.13）和式（4.26）越准确，也就是地方政府更易与排污企业合谋，放松环境规制，加大环境污染。

根据以上分析，特提出命题4.1：财政收益、晋升激励与租金收益是地方政府参与合谋的动力因素，地方政府从中央政府分成的比例越高，经济产出对地方官员晋升的正效用越大，环境污染对地方官员晋升的负效用越小，地方政府从租金分成的比例越高，地方政府选择与排污企业合谋的动机就越强，越可能放松环境规制，加大环境污染。

4.2.2.3 中央政府的策略选择

通过以上分析，在默许合谋的情况下，地方政府的优势策略是“合谋”，即发出合谋邀约，排污企业的优势策略是“非环保”，即接受合谋邀约。在防范合谋的情况下，地方政府的优势策略依然是“合谋”，即发出合谋邀约，排污企业的优势策略依然是“非环保”，即接受合谋邀约。地方政府与排污企业的优势策略在图4.2中用粗线标注。根据倒推法求解，该博弈树最终的求解取决于 U_P^3 与 U_P^7 的大小。当且仅当 $U_P^7 \geqslant U_P^3$ 时，中央政府才会选择加强对地方政企合谋的防范，即满足如下条件：

$$\alpha(1-\beta)(1-\underline{c})+m(1-\underline{c})-n\Delta c+p\rho F_S+p\rho F_A-p\rho\tau \geqslant \alpha(1-\beta)(1-\underline{c})+m(1-\underline{c})-n\Delta c \tag{4.27}$$

进一步简化可得

$$F_S+F_A \geqslant \tau \tag{4.28}$$

根据式（4.28），得到命题4.2：在地方政府与排污企业合谋被发现时，中央政府对地方政府与排污企业予以惩罚，而中央政府在防范合谋过程中扶持第四方监督（媒体）时付出了监督成本，当惩罚大于监督成本时，中央政府会选择防范地方政企合谋。

4.3　扩展性讨论

前面两节介绍了地方政企合谋影响环境污染的作用机理和理论模型，地方政企合谋与环境污染之间的内在逻辑关系已经非常清楚。除此之外，可能还有一些其他的影响因素会加大地方政企合谋，进而影响环境污染。下面就一些相关因素进行讨论。

1）地区具有优化的产业结构

我国各个地区产业结构已成稳态，对于部分地区产业结构中工业比重尤其是重工业比重较高的情况，地方政府对重工业产值有较大的期望，在公众反对的情况下，地方政府将承受住这一压力，与排污企业合谋，加大违规生产的力度，这势必增加污染。对于以第三产业为主导的地区，地方政府本身对高排污企业的期望就不高，一旦加大生产则带来的负面效应也很大，因此该地区会拒绝引进此类项目。

2）环境污染事故后惩罚的可信度

理论模型中，一旦出现污染事故，中央政府将对地方政府与排污企业给予惩罚。现实中，出现较大的污染事故时，可能会追究地方官员的责任，极端的方式是撤职，一般情况下是调离原单位。对于排污企业而言，惩罚的执行者更多的是地方政府而非中央政府，本来就存在地方政府与排污企业合谋，这个执行力将大打折扣。

3）垂直管理的有效性

既然信息不对称，那么可以考虑采取垂直管理的方式，这样有助于加大对环保问题的集权化管理，相当于收回了部分地方政府对环保的行政管理权。垂直管理结构只要有独立的行政管理权力，就有自身的利益诉求，存在不同于中央政府的目标函数。垂直管理结构对排污企业有环境规制，规制自然会产生寻租腐败问题。垂直管理加大了集权力度，但对于环境问题的管理依然可能无效。

4）地方官员任期限制和异地交流制度

任期制与官员异地交流制度有助于破解地方形成的利益链和地方保护主义，但由于任期时间短，又需要政绩，这使得地方官员的目标更加短期化，在中央多任务委托下，地方官员有动机与企业合谋，追求容易度量的 GDP，而忽视经济与社会发展的长期目标，如环境保护。

5）建立新型健康的政商关系

排污企业参与合谋的原因是获得正常收益或者超额收益，如果采用环保的生产方式也能获得正常的利润，那么企业未必会参与合谋。现实中，地方政府对于企业掠夺的大小决定了企业的生存空间，也就决定了企业是否会参与合谋，而对企业的掠夺程度取决于中央政府对于地方政府的激励。

4.4 本章小结

上一章分析了地方政企合谋的基本内涵、基本框架和制度背景，本章对地方政企合谋与环境污染之间进行了理论分析，主要分析地方政企合谋影响环境污染的作用机理，并基于P—S—A框架构建了地方政企合谋影响环境污染的理论模型，对作用机理进行论证。本章主要从以下三个方面分析地方政企合谋与环境污染的内在逻辑关系。

1）基于影响地方政企合谋的动力机制，提出了地方政企合谋影响环境污染的作用机理

本书认为地方政府参与合谋的动力因素包括财政收益、晋升激励和租金收益，动力因素能够助推地方政企合谋，进而加大环境污染物的排放量。地方政企合谋对环境污染产生直接影响和间接影响，地方政府降低环境规制，直接加大了排污企业的污染物排放量，而辖区内环境规制降低，会吸引新的排污企业进入，间接加大了工业污染物排放量。一般而言，财政分权程度越高、晋升激励越大、租金收益越大，地方政府与企业合谋动力越强，污染程度越严重。地方政府与排污企业合谋，能够提高财政收益和租金收益，也能通过提高政绩增加更多的晋升机会，但由于会带来更大的污染，对官员的晋升也会带来不利的影响。

2）基于P—S—A框架构建地方政企合谋影响环境污染的理论模型

本章采用逆向归纳法求解博弈模型，对作用机理进行论证。分析中央政府、地方政府和排污企业的博弈行为，求解博弈均衡结果。通过分析，得出与作用机理一样的结论，即地方政企合谋加大了环境污染，在财政分权、晋升激励和租金收益的助推下，地方政企合谋程度加大了，使得环境污染进一步恶化。具体来说，地方政府从中央政府分成的比例越高，经济产出对地方官员晋升的正效用越大，环境污染对地方官员晋升的负效用越小，地方政府从租金分成的比例越高，地方政府选择与排污企业合谋的动机就越强。

3）在理论模型基础上做了扩展性讨论

本章主要从地区产业结构、环境污染事故后的惩罚、垂直管理、任期限制等方面分析目前环境污染中的地方政企合谋行为，这些方面的因素也使得合谋行为缺乏应有的约束，进而使得环境治理难见成效。

第5章　地方政企合谋影响环境污染的实证检验

上一章基于影响地方政企合谋的动力机制，提出了地方政企合谋影响环境污染的作用机理，并通过构建“委托人—监督者—代理人”（P—S—A）博弈理论模型进行了分析和论证。本章就理论分析中提出的相关命题进行实证检验，检验的重点是地方政企合谋是否加剧了区域的环境污染，财政分权程度提高是否助推了合谋进而影响环境污染，晋升激励是如何影响合谋进而影响环境污染的。

本章安排如下：第一部分是理论阐述与假说的提出；第二部分是变量选择、计量模型和描述性统计分析；第三部分是地方政企合谋影响环境污染的普通面板数据分析；第四部分是地方政企合谋影响环境污染的分位数回归分析。

5.1　理论阐述与假说的提出

在我国已有的行政管理体制下，地方官员影响和控制着地方经济发展，也控制着重要资源，如行政审批、土地征用、贷款担保、政策优惠等。1994年分税制改革后形成的地方分权制度，实现了地方政府与中央政府分享财政收入，加上地方预算外收入归地方政府支配，地方政府财权大大提升。但随着经济与社会的进步，地方政府承担的责任也在不断增加，地方政府需要做大“蛋糕”来应对这一压力。长期以来，地方官员考核的重点是GDP，晋升激励使地方官员更为“努力”。地方官员为了财政收益和晋升机会有动机与企业合谋，来满足中央政府所需的经济增长，但也带来更多的环境污染事故。

由于信息不对称和较高的监督成本，中央政府对地方排污企业的生产方式无法直接监督，常常在制定统一的环保政策后，委托地方政府进行监督。中央政府与地方政府都关注经济增长与环境污染，经济增长带来的正效用和环境污染带来的负效用对中央政府和地方政府都产生作用。相对而言，地方政府为了获得更大的经济绩效和晋升机会，会更加关注经济增长而忽视环境污染治理，从而选择与排污企业合谋，支持排污企业采取非环保的生产方式生产。地方出现的政企合谋行为是地方环境恶化的重要原因，近年来工业污染恶性环境事故频发。地方政府通过默许排污企业违规生产，获得了财政收益和晋升的机会，有着选择低成本和高污染生产的持续激励。不同于外地晋升来的官员，本地晋升的官员为了谋求晋升的机会，需要地方精英尤其是企业精英的支持，但这种支持往往具有给予地方精英回报的约束合同[207]，更容易形成地方政企合谋。

因此，提出假说 5.1：本地晋升的地方官员为了回报地方企业精英，更容易与排污企业合谋，默许排污企业采取非环保的生产方式生产，加大地区污染物排放量，地方出现的政企合谋行为是环境恶化的重要原因。

计划经济体制下，地方政府无法独立决策，地方经济发展也无法带来利好收益。自从分税制改革以后，地方政府可以从地方经济增长中获得越来越多的收益，地方经济快速增长带来的财政收入可以改善政府的福利，增加地方官员的晋升机会。财政分权程度越高，意味着地方政府可以从经济增长中获得的财政收入越多，地方政府将更多的精力放在经济增长领域。财政分权程度越高，地方政府越有动力与排污企业合谋，以创造更高 GDP，增加晋升机会和财政收入，合谋还带来租金收益。而地方政府与排污企业合谋，地方政府成为排污企业的“保护伞”，排污企业违规排放有了保障，减少了治理污染的成本，增加了收益，结果必然导致环境污染越来越严重。

因此，提出假说 5.2：财政分权程度越高，地方政府越有动力与排污企业合谋，环境污染越发严重。

我国在 1982 年建立了官员退休制度以后，对官员的任期有了实际性的限制。张军和高远（2007）[208]认为，官员任期限制会影响官员任期内的行为，通过分析发现官员任期与经济发展水平之间呈现较明显的倒 U 形特征。陈刚和李树（2012）[209]研究发现，官员任期与腐败行为的关系呈现 U 形曲线特征。官员任期与地方政企合谋行为可能也存在周期性的关系特征。具体来看，地方官员与企业合谋的主要目的之一是提高政绩，从而获得晋升机会。官员在任期初期，将加大与企业合谋的趋势，这与官员任期短密切相关。据统计，我国省级官员平均任期时间为 3.03 年[210]。这么短的任期时间，要做大 GDP 获得较好的政绩，为晋升做好准备，地方官员往往铤而走险，加大与企业合谋的趋势，默许企业采用非环保生产方式。在地方官员任期即将结束时，其取得的政绩优劣已经确定，继续与地方企业合谋来提高政绩的正效用减弱，合谋伴随的污染加大给中央和公众带来的负效用增加，于是地方官员往往减少与排污企业合谋，规范排污企业生产方式，使得污染物排放量减少。对于任期时间较长的地方官员，如任职时间超过两届，则晋升的机会很少，退居二线前更好的策略是遵照中央政府的环保政策，给自己的政治生涯画上一个圆满的句号。

因此，提出假说 5.3：地方官员在任期的不同阶段与排污企业合谋将影响晋升。为了获得更多的晋升机会，地方官员会周期性地选择与排污企业合谋，进而影响环境污染水平。地方官员任期与环境污染水平之间呈现明显的倒 U 形曲线特征。

5.2　变量选择、计量模型与描述性统计分析

5.2.1　变量的指标选取

5.2.1.1　被解释变量

被解释变量，即环境污染程度。考虑到研究的是省级层面环境污染问题，而非重要城市环境污染问题，因此不宜使用城市空气质量等指标，应该使用工业三废的数据。已有研究者尤其是环境库兹涅茨曲线提出者，采用工业二氧化硫和工业废水等主要污染物指标作为研究对象，考虑到也要在中国区域进行 EKC 检验，本书特选取工业二氧化硫和工业废水作为衡量环境污染的指标。被解释变量环境污染（Pollution）是各省的环境污染水平，用各省工业废水（Water）、工业二氧化硫（SO_2）的对数值来度量[①]。图 5.1 描述了中国两种主要污染物的排放量呈现倒 U 型曲线特征，在 2005—2007 年达到最大值，这种变化趋势与环境库兹涅茨曲线基本一致。但这毕竟是表面现象，并且 2008 年出现金融危机，环境污染是否一定遵循环境库兹涅茨曲线还有待检验。图 5.1 中 1998、2003 和 2008 年出现了一个典型的特征，那就是这三个特殊年份工业二氧化硫和工业废水都达到较高的值，这可能是各省省长“为晋升而发展经济、忽视污染”的结果。这三年正好是第九届、第十届和第十一届全国人大一次会议召开的年份，也是各省人民代表大会召开的年度，大部分省份完成省长轮换，为提高本省经济增长和晋升机会，地方官员可能与企业合谋，放松环境

① 本书除虚拟变量外，其他所有变量都取对数，这是因为自然对数使得对系数的解释颇具吸引力，而且由于斜率系数不随测度单位而变化，还可以忽略以对数形式出现的变量的变化单位。同时，使用对数形式作为因变量的模型，通常比使用水平值作为因变量的模型更接近经典线性模型（CLM）假定。此外，对数形式还能部分消除异方差性和缓和偏离正态性的问题。以年度量为单位的变量通常以原有形式出现，比例或百分比变量的原有形式或对数形式都可见（Wooldridge，2009）。

管制，使得环境问题更为严重。

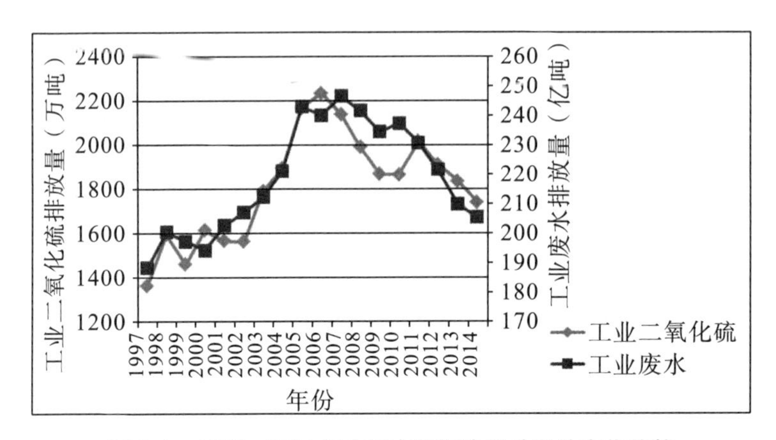

图 5.1 1997—2014 年中国主要污染排放量的变化趋势

资料来源：根据 1997—2014 年《中国环境统计年鉴》整理所得。

5.2.1.2 主要解释变量

主要解释变量，即地方政企合谋（Collusion）。张莉等（2013）[165]认为，地方政企合谋是一个隐藏信息或隐藏行动，无法被直接观察到，因此在实证研究中如何度量地方政企合谋就成为一个难题。直接度量地方政企合谋无法做到，采用其他指标进行替代是一种常用的方法，某些现象出现得越多，地方政企合谋的概率就越大。现有文献采用地方官员是否本地晋升[165]或者是否本地人[163]作为合谋的代理变量，认为官员由本地晋升或者官员是本地人的情况越多，则地方政企合谋的概率就越高。在理论假说中提到，地方官员由本地晋升容易与排污企业合谋，缘于本地晋升的官员获得更高的职位必然得到了地方精英的支持，晋升后对本地企业精英给予回报，地方政企合谋更易形成。Shleifer 和 Summers（1988）[211]认为，这种晋升的背后是官员与企业的互惠互利，二者之间有私下契约，需要日后对地方精英予以回报，而从外地晋升来的官员不需要给企业提供回报。本书借鉴张莉等（2013）[165]在研究地方政企合谋与土地出让问题时，选取省长是否由本地晋升作为地方政企合谋的替代变量。虽然省委书记也是地区领导，但省委书记主要负责人事工作和大局工作，而省长负责行政命令的下达，负责地区经济的运行。如果省长由本地晋升，则赋值为 1，否则为 0。本地晋升省长比例较高，据统计，1997—2014 年间，我国有 97 位省长由本地晋升，占比较高，达到 62.98%（见图 5.2）。省长由本地晋升仍然是主流，本地晋升可以促进经济与社会的可持续发展，然而官员异地交流带来很多利好因素，如打破地方政企合谋中形成的利益链。

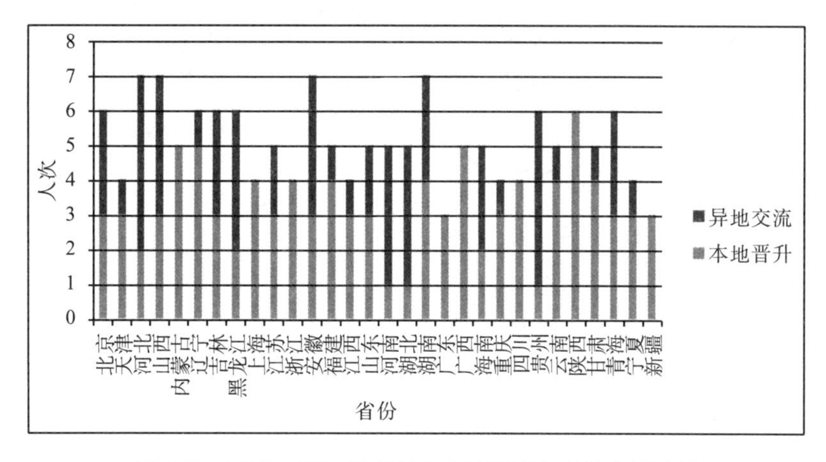

图 5.2　1997—2014 年省长由本地晋升和异地交流人次

资料来源：根据人民网、新华网和中国共产党新闻网等网站公布的资料整理所得。

财政分权的助推作用，用财政分权与地方政企合谋的交互项（Decentral×Collusion）来表示。为了验证理论假说 5.2，本书在模型中增加财政分权与地方政企合谋的交互项。一般来说，财政分权程度越深，地方官员越愿意与企业合谋，创造更多的经济绩效，也有更多的财政收入可以支配，缓解地方官员面临事权越来越大的压力。对于财政分权程度（Decentral），本书用各省人均财政支出除以人均中央财政支出来表示。

晋升激励的作用，用省长任期（Tenure）及其平方项（Tenure _ eq）来表示。为了验证理论假说 5.3，考察晋升影响地方政企合谋行为，进而影响环境污染，本书将省长任期及其平方项纳入进来。地方官员与排污企业合谋可以提高经济绩效，但会带来更多的环境污染，前者对晋升具有正向作用，后者具有负面影响。合谋提高政绩带来的晋升激励越强，地方官员越有动力与排污企业合谋。现实中必须兼顾环境污染问题，这也是地方官员晋升的一个约束条件。

在地方政企合谋的动力机制中，租金收益也是影响地方政企合谋进而影响环境污染的一个动力因素。租金收益是地方政府参与合谋得到的租金收入，是排污企业给予的回报，包括额外的税收、费用、多雇佣本地人或地方官员的亲戚、企业的控制权甚至给予地方官员的贿赂[149]。还有地方政府在出现重大困难时向企业寻求援助，这些收益是排污企业采用非环保生产方式节约的成本中给予地方政府的分成。由于这部分收益很难衡量，直接指标无法获得而采用间接指标进行替代，如寻租腐败程度。但地方政企合谋并不一定产生腐败，且当前衡量寻租腐败的最优指标是主观认知评价或者实际数据。前者综合意义上表现该地区的腐败程度，但因为缺乏统一认知标准而出现误差，后者常常参考周黎安和陶婧（2009）[212]等的做法，即采用每百万人口中贪污贿赂案件立案数来表示，虽然能统一统计口径，但仅能反映真实腐败的一部分。基于以上情况，本书剔除“租金收益”变量。

5.2.1.3 经济控制变量

本书控制了如下经济因素对环境污染的影响：①经济发展水平，用人均地区生产总值（PerGDP）来反映。为检验 EKC 在我国是否存在，加入了人均地区生产总值的平方项（PerGDP _ eq）。②产业结构（Industry），用地区第二产业增加值来表示。③外资影响因素（FDI），用地区实际外商直接投资额来表示，也用于检验“污染避难所假说”在我国是否成立。原来在对模型的实证分析过程中，还引入了贸易开放度、科技投入等变量，但研究发现这些参数并不显著，因此没有纳入模型当中。以上变量均取对数值。

5.2.1.4 稳健性分析变量

合谋除了与省长由本地晋升有关外，可能还与省长具有更多的本地知识或者有天然的感情联系有关，即本地知识越丰富的省长或者在家乡任职的省长与排污企业合谋的概率越大。为了确定除了省长由本地晋升外是否此两项指标能够表征合谋，本书在模型中纳入任期指标和籍贯指标，前者代表官员拥有本地知识的程度，后者代表天然感情的程度。本书认为本地任职官员都具有本地知识，任期时间越长，本地知识越丰富，但这不是地方政企合谋形成的条件，仅仅是更好地发展本地经济的条件。省长在家乡任职帮助本地企业发展，往往是天然感情驱使而不求回报，与地方政企合谋并无相关性。因此，本书参考了地方官员治理的文献[165,213]，控制了官员的个人特征进行稳健性分析：①省长任期（Tenure）。陈刚和李树（2012）[209]认为，地方官员的任期长短影响其与企业的关系，一般情况下任期越长，地方官员越容易与企业建立“利益型关系网络”，越容易产生地方政企合谋。本书按照任职年份计算，具体从上半年上任时算起，到下半年离任时结束。②官员籍贯（Native）。本地籍贯取 1，外地籍贯取 0。本书参考其他文献还加入了年龄、中央部委工作经历和官员教育经历等，由于并不显著，所以剔除这些因素。

5.2.2 计量模型设定

根据上一章的理论分析，结合变量的指标选取，为了检验地方政企合谋与环境污染的关系，检验本章提出的理论假说，特设定环境污染为被解释变量，地方政企合谋为主要解释变量，建立计量经济学模型。

$$Pollution_{it} = \beta_0 + \beta_1 Collusion_{it} + \beta_2 Collusion_{it} \times Decentral_{it} + \beta_3 Tenure_{it} + \beta_4 Tenure_{it}\_eq + \beta_5 Collusion_{it} \times Industry_{it} + \beta_6 PerGDP_{it} + \beta_7 PerGDP\_eq + \beta_8 Industry_{it} + \beta_9 FDI + \beta_{10} Native_{it} + \varepsilon_{it} \tag{5.1}$$

该模型中，i 代表省份，t 代表时间，Pollution 代表环境污染程度，用工业二氧化硫和工业废水表示，Collusion 代表地方政企合谋的变量，这是模型的主要解释变量。其他变量包括：

（1）财政分权的助推作用。

用财政分权与地方政企合谋的交互项（Decentral×Collusion）来表示。财政分权助推地方政企合谋，进而加大污染物排放量。财政分权（Decentral）用各地区人均财政支出与中央人均财政支出的比值来表示。

（2）晋升的影响。

用省长任期（Tenure）及其平方项（Tenure _ eq）来表示。为了获得更大的晋升机会，地方官员在不同的任期选择策略性合谋行为。

（3）影响环境污染的经济控制变量。

人均收入（PerGDP）用人均地区生产总值来表示；产业结构（Industry）用第二产业增加值来表示；外资进入（FDI）用各地区实际利用外资额来表示。

（4）检验本地晋升是否表征合谋。

该变量用于度量拥有本地知识的省长的任期（Tenure）和具有感情联系的籍贯指标（Native）。ε_{it} 表示随机扰动项，i 和 t 分别代表省份和时间。

为了使得数据更为平滑，除虚拟变量外，本书对以上变量的实际值进行了对数化处理。同时，为了检验环境库兹涅茨曲线，本书还增设了人均 GDP 的二次项（PerGDP _ eq）。

5.2.3　数据来源与变量的描述性统计分析

本书涉及的环境污染中工业二氧化硫和工业废水的数据来自历年《中国环境统计年鉴》，地方官员的个人特征根据人民网、新华网和中国共产党新闻网等网站公布的资料整理所得。控制变量相关数据均来自历年《中国统计年鉴》和《新中国六十五年统计资料汇编》等。从深化改革开放开始，鉴于重庆市 1997 年成为直辖市，本书选取 1997—2014 年共 18 年，30 个省份的数据进行实证研究，对理论假说进行检验，西藏的数据暂予以剔除。各变量的描述性统计特征如表 5.1 所示。

表 5.1　各变量的描述性统计特征

变量	样本量	均值	标准差	最小值	最大值
SO_2	540	5.647	0.409	4.228	6.246
Water	540	4.692	0.422	3.538	5.472
Collusion	540	0.689	0.463	0	1
Decentral	540	4.301	2.914	1.097	14.660
PerGDP	540	4.199	0.376	3.345	5.022
Industry	540	3.386	0.538	1.897	4.497
FDI	540	5.941	0.876	1.821	7.354
Tenure	540	3.070	1.915	1	12
Native	540	0.330	0.471	0	1

5.3　地方政企合谋影响环境污染的面板数据分析

5.3.1　基本回归结果

表 5.2、表 5.3 报告了地方政企合谋及其相关变量对所在省工业二氧化硫、工业废水的影响，样本期为 1997—2014 年，从基本面板数据分析结果来看，各解释变量对两种环境污染物的影响基本一致。

表 5.2　地方政企合谋与工业二氧化硫：基本面板数据的回归结果

	SO_2(1)	SO_2(2)	SO_2(3)	SO_2(4)
Collusion	0.0418*** (2.63)	0.0287** (2.25)	0.0061 (0.29)	0.027** (2.12)
Decentral×Collusion			0.0082** (2.19)	
Tenure				0.0136* (1.86)
Tenure _ eq				−0.0014* (−1.68)
PerGDP		2.328*** (7.12)	2.518*** (7.47)	2.275*** (6.87)

续表5.2

	SO_2(1)	SO_2(2)	SO_2(3)	SO_2(4)
PerGDP _ eq		−0.365*** (−10.63)	−0.382*** (−0.86)	−0.36*** (−10.34)
Industry		0.782*** (6.31)	0.716*** (5.63)	0.79*** (6.37)
FDI		0.0345* (1.89)	−0.0324* (−1.23)	0.0364** (2.00)
Observations	540	540	540	540
R−squared	0.900	0.939	0.940	0.939
Model	FE	FE	FE	FE

注：① *、**和***分别表示在10%、5%和1%的水平下显著；②第一行是被解释变量，第一列是解释变量，其余部分是系数估计值与 t 统计量；③“*R*−squared”是校正后的 *R* 平方值，“FE”代表固定效应模型。

从表5.2、表5.3列（1）可以看出，在没有其他控制变量的情况下，地方政企合谋对工业二氧化硫的回归系数为0.0418，在1%的水平下显著，地方政企合谋对工业废水的回归系数为0.0234，在10%的水平下显著，也就是说地方政企合谋显著加大了工业污染物的排放量，且对工业二氧化硫的影响更为显著，*R*−squared值分别为0.900和0.938。从表5.2和表5.3列（2）估计结果可以发现，在加入经济控制变量后，地方政企合谋回归系数依然显著为正，也就是说地方政企合谋使得环境污染更加恶化。从表5.3列（2）结果来看，加入经济方面的控制变量，省长由本地晋升增加了工业二氧化硫和工业废水的排放，其估计值分别是0.0287和0.0244①，且 *R*−squared值为0.939和0.945。以上分析说明，地方政企合谋是我国环境污染形成的重要原因，假说5.1得到验证。

① 因为对数据做了对数处理，所以估计值都不大。

表 5.3　地方政企合谋与工业废水：基本面板数据的回归结果

	Water (1)	Water (2)	Water (3)	Water (4)
Local	0.0234* (1.79)	0.0244* (1.93)	−0.0152 (0.76)	0.0248* (1.95)
Collusion×Decentral			0.0093** (2.51)	
Tenure				−0.0001 (−0.023)
Tenure _ eq				−0.0002 (−0.19)
PerGDP		0.710** (2.19)	0.927*** (2.77)	0.681** (2.06)
PerGDP _ eq		−0.141*** (−4.13)	−0.160*** (−4.60)	−0.138*** (−3.97)
Industry		0.523*** (4.24)	0.447*** (3.54)	0.525*** (4.24)
FDI		−0.0504*** (−2.78)	−0.0527*** (−2.93)	−0.0504*** (−2.78)
Observations	540	540	540	540
R−squared	0.938	0.945	0.945	0.945
Model	FE	FE	FE	FE

注：①*、**和***分别表示在10%、5%和1%的水平下显著；②第一行是被解释变量，第一列是解释变量，其余部分是系数估计值与 *t* 统计量；③“*R*−squared”是校正后的 *R* 平方值，“FE”代表固定效应模型。

表5.2和表5.3列（2）中加入了经济方面的控制变量，回归发现人均GDP（PerGDP）对环境污染的影响在1%水平下显著为正，在数据取对数情形下系数依然达到2.328和0.710，说明我国人均收入对我国环境污染影响依然较大，经济发展水平提高的同时伴随着环境污染的恶化，我国依然处于“先发展、后治理”的阶段，且人均GDP的二次方（PerGDP _ eq）统计结果在1%的水平下显著，系数为负，呈现倒U形曲线特征，通过环境库兹涅茨曲线（EKC）检验；产业结构（Industry）也表现出明显的正向作用，尤其是产业结构在1%的水平下显著，说明第二产业增加值越高，环境污染越严重。我国还处于粗放型发展模式当中，当前优化产业结构是改善环境的重要举措。实际利用外资（FDI）统计系数符号并不一致，在表5.2中系数符号为正，在5%的水平下显著，而在表5.3中系数符号为负，在1%的水平下显著，说明“污

染避难所假说”并未通过检验，外资的引入对工业废水的排放带来了利好，这一点可以用盛斌和吕越（2012）[214]的分析来解释。外资对环境的影响取决于规模效应、结构效应和技术效应，外资进入带来的技术正效应超过了规模负效应和结构负效应的总和，因此外资进入改善了环境。实际上，外资的区位选择考虑的不仅仅是环境规制的问题，更会考虑地区经济发展水平和生产性公共产品提供等其他条件。

从表 5.2、表 5.3 列（3）可以看出，加入了财政分权与地方政企合谋的交互项（Decentral×Collusion）后，发现交互项对工业二氧化硫和工业废水排放的影响在 5%的水平下都显著为正，加大了工业二氧化硫和工业废水的排放量。说明在当前财政分权体制下，财政分权强度的提高使得地方政府财权更大，地方官员由本地晋升后需要对本地精英给予回报，这些都加大了地方官员与排污企业合谋的趋势，财政分权助推了地方政企合谋，放松环境规制，使环境污染越来越严重，假说 5.2 得以验证。

从表 5.2、表 5.3 列（4）可以看出，加入了任期（Tenure）及其平方项（Tenure _ eq）后，发现省长任期与工业二氧化硫的排放呈现倒 U 形曲线特征，且在 10%的水平下通过显著性检验，但与工业废水回归没有通过显著性检验。这说明地方政府为了获得更多的晋升机会，选择策略性合谋的方式，随着任期时间的增加，与排污企业的合谋先增强后减弱，反映到工业二氧化硫的排放上体现出先增加后减少的特点，假说 5.3 得以验证。

结合列（1）（2）（3）（4）的回归结果，我们有充足的理由相信，地方政企合谋引发环境污染的假说成立，本地晋升官员为了给予地方精英回报而与之合谋，加大了环境污染物的排放量；在财政分权的助推下，地方政企合谋程度进一步提高，环境污染也进一步加剧。为获得更多的晋升机会，地方官员在任期的不同阶段选择与排污企业策略性合谋，进而影响污染物排放量。环境污染经典假说方面，环境库兹涅茨曲线理论假说在 1%的水平下显著通过检验，外资进入并没有加大环境污染反而使环境问题有了改善，说明“污染避难所假说”在我国并未通过显著性检验。

5.3.2 稳健性检验

下面进一步检验省长由本地晋升能否表示合谋，其对环境污染的影响是否稳健，具体如表 5.4 所示。通过引入官员的个人特征来检验，表 5.4 列（1）中，在控制了省长的个人特征后，省长由本地晋升对环境污染的影响为 0.0224，在 10%的水平下显著为正，说明省长由本地晋升会带来环境污染的恶化，这个结论是稳健的。

表 5.4 考虑官员特征因素后环境污染的回归结果

	SO_2（1）全样本	SO_2（2）任期≥2	SO_2（3）任期≥3	Water（4）全样本	Water（5）任期≥2	Water（6）任期≥3
Collusion	0.0224* (1.72)	0.0234* (1.80)	0.0228* (1.75)	0.0248* (1.95)	0.0526** (1.99)	0.0246* (1.94)
PerGDP	2.217*** (6.66)	2.271*** (6.82)	2.22*** (6.69)	0.681** (2.06)	0.699** (2.12)	0.672** (2.03)
PerGDP_eq	−0.353*** (−10.10)	−0.359*** (−10.23)	−0.35*** (−10.09)	−0.138*** (−3.97)	−0.139*** (−4.03)	−0.136*** (−3.94)
Industry	0.791*** (6.39)	0.783*** (6.31)	0.784*** (6.33)	0.525*** (4.24)	0.523*** (4.23)	0.525*** (4.25)
Native	0.0233 (1.62)	0.0249* (1.74)	0.0238* (1.66)			
Tenure	0.0129* (1.75)	0.0004* (0.033)	0.0189* (1.68)	−0.00017 (−0.023)	−0.009 (−0.83)	0.003 (0.29)
Tenure_eq	−0.00142* (−1.67)	0.00002* (0.0063)	−0.00036 (−1.006)	−0.00017 (−0.19)	−0.00001 (−0.25)	−0.0002 (−0.68)
Observations	540	410	290	540	410	290
R−squared	0.940	0.939	0.940	0.945	0.945	0.945
Model	FE	FE	FE	FE	FE	FE

注：①*、**和***分别表示在 10%、5%和 1%的水平下显著；②第一行是被解释变量，第一列是解释变量，其余部分是系数估计值与 t 统计量；③"R−squared"是校正后的 R 平方值，"FE"代表固定效应模型。

省长由本地晋升有更大的合谋可能性，这可以理解为是为了"利"给排污企业当"保护伞"。根据部分文献的观点，官员有可能是因为"情"去当"保护伞"，比如官员对家乡更有感情，或者具备更多的本地知识等。如果后两者是"真的"，那么将这两个变量引入模型中，由本地晋升这一变量应该不显著或者至少减弱，这两个因素可以作为合谋的替代变量。

对家乡有更多的感情不能作为合谋的替代变量。将省长的籍贯（Native）引入模型中，从表5.4的列（1）（2）和（3）中可以看出，本地晋升的影响仍然显著，且系数大小与基本回归几乎相同，而籍贯对环境污染也有正效用，但是在全样本回归中并不显著，只有在列（2）（3）任期较长的子样本中才显示回归系数的显著性，在子样本才显示本地感情联系会导致环境恶化，这可能并不是真的，因为任期长了，自然与本地企业建立较好的“关系”，是否本地人并没有太大关系。而在列（4）中，工业废水为被解释变量，由于省长“本地人特征”加入工业二氧化硫和工业废水中发现都不显著，因此在对工业废水的回归中将其剔除。因此，对家乡有更多的感情不能作为地方政企合谋的替代变量。

拥有更多的本地知识也不能作为合谋的替代变量，具体结果如表5.4所示。用官员的任期来分析，一般来说，官员任期越长，对本地越了解，就会具有越多的本地知识。将任期和任期的平方项加入模型中，根据列（1）的结果，工业二氧化硫为被解释变量，此时省长任期与环境污染之间呈现倒U形曲线特征，任期对工业二氧化硫的影响为正，即加大了工业二氧化硫的排放量。根据列（4）的结果，任期、任期的平方项与工业废水之间回归结果并不显著，任期与工业废水之间不存在相关性。

列（2）、列（3）中，对任期在两年以上（Tenure≥2）和任期在三年以上（Tenure≥3）情况下的部分样本进行回归，发现在任期增加后地方政企合谋（Collusion）的回归系数先增大后减小，符合倒U形曲线特征，可能的原因是任期第二年经济发展预期不明确，需要大力发展经济，此时合谋的可能性增强，随着任期时间的增加，晋升压力加大，发展经济兼顾环境，合谋有所控制。在列（5）和列（6）中，工业废水为被解释变量，任期增加时，地方政企合谋对工业废水的影响仍然显著，任期的回归系数均不显著，说明任期与工业废水不存在相关性。因此，官员任期增加，具备更多的本地知识，并不能表征合谋，不能作为合谋的替代变量。

以上证明了官员的本地人特征（Native）和具有更多的本地知识（Tenure）并不能作为合谋的替代变量。在控制了以上两个变量后，地方政企合谋仍然显著影响环境污染。因此，有理由相信，省长由本地晋升后，为了“利”而不是为了“情”，与本地精英合谋，互利互惠，促进经济增长，同时带来环境污染恶化。

为了验证假说5.3，考察官员任期年限增加，是否会周期性影响地方政企合谋。表5.4列（1）中，任期的系数估计值在10%的水平下显著为正，任期的平方项系数估计值在10%的水平下显著为负，说明官员任期与工业二氧化硫排放呈现倒U形曲线特征。列（4）中对工业废水的回归中，平方项系数的估计值也为负，但并未通过显著性检验。因此，只能说官员任期与工业二氧化硫排放呈现倒U形曲线特征，而任期与工业废水排放没有呈现如此特征。基于这一分析，假说5.3在工业二氧化硫排放上得以验证。

5.4　地方政企合谋影响环境污染的分位数分析

上一节，在普通面板计量模型上关注因变量的条件均值，但是人们对于因变量条件分布其他方面的模拟方法越来越多，尤其是能够全面分析因变量条件分布的分位数回归。Koenker 和 Bassett（1978）[215]认为，可以用分位数回归（Quantile Regression）方法弥补条件均值函数的缺陷，以加权平均绝对误差为目标函数进行估计，更为精确地描述被解释变量在不同范围内，解释变量对其产生的影响。在控制个体异质性以后，分析被解释变量条件分布在不同分位点上与解释变量之间的关系，还可以解决异方差问题。

5.4.1　分位数原理

随机变量 Y 的分布函数为 $F(y)=P(Y\leqslant y)$，则 $Q(\tau)=\inf\{y:F(y)\geqslant\tau\}$ 为 y 的第 τ 分位数，τ 表示在回归线或回归平面以下数据在总数据中的占比。y 变量的分布被 τ 分为两个部分，小于分位数 $Q(\tau)$ 的是比例为 τ 的部分，大于分位数 $Q(\tau)$ 的是比例为 $1-\tau$ 的部分。对于任意的 $\tau\in(0,1)$，检验函数为

$$\rho_\tau(u)=\begin{cases}\tau u, & y_i\geqslant x'_i\beta\\ (\tau-1)u, & y_i<x'_i\beta\end{cases}\tag{5.2}$$

式（5.2）中，$\rho_\tau(u)$ 为被解释变量 y 的概率密度函数，前者为样本点处于 τ 分位以下的情形，后者为样本点处于 τ 分位以上的情形；u 为概率密度函数参数。假定分位数回归模型为 $y_i=x'_i\beta(\tau)+\varepsilon(\tau)_i$，在 $u=1$ 的情形下，求解样本分位数线性回归，就是求解 $\min\sum\rho_\tau[y_i-x'_i(t)]$条件下的解$\beta(\tau)$。这一最小值展开式为

$$\min\{\sum_{i,y\geqslant x'_i\beta(\tau)}\tau\mid y_i-x'_i\beta(\tau)\mid+\sum_{i,y\geqslant x'_i\beta(\tau)}(1-\tau)\mid y_i-x'_i\beta(\tau)\mid\}\tag{5.3}$$

在线性条件下，y 的 τ 分位数函数表示为

$$Q_y(\tau\mid x)=x'\beta(\tau)\qquad\tau\in(0,1)\tag{5.4}$$

τ 在 0～1 之间变化，不同的 τ 条件下可以得到不同的分位数函数，即y 在 x 上的所有条件分布轨迹都可以描述出来。

5.4.2　面板数据分位数回归

在普通面板数据模型中假定个体效应固定，表达式为

$$y_{it}=\alpha_i+x'_{it}\boldsymbol{\beta}+u_{it},i=1,2,\cdots,N;t=1,2,\cdots,T \tag{5.5}$$

式（5.5）中，i 和 t 为样本的个体和样本观测的时间，u_{it} 为随机误差项，$\boldsymbol{\beta}$ 为自变量系数向量，α_i 为第 i 个样本不可观测的个体效应。此时，面板数据模型可用向量表示为

$$\boldsymbol{y}=\boldsymbol{X\beta}+\boldsymbol{Z\alpha}+\boldsymbol{u} \tag{5.6}$$

式（5.6）中，$\boldsymbol{Z}$ 为虚拟变量相关矩阵，$\boldsymbol{\alpha}$ 和 $\boldsymbol{u}$ 是两个相互独立的随机向量。用分位数回归法对以上面板数据模型进行估计，首先建立回归分位数方程：

$$Q_{yit}(\tau_j \mid x_{it},\alpha_i)=x'_{it}\beta(\tau_j)+\alpha_i,\ \tau_j\in(0,1) \tag{5.7}$$

在这个分位数方程中，假设个体效应相对于条件分位数固定。Koenker（2004）用惩罚分位数回归（Penalize Quantile Regression）方法对面板数据模型进行估计。表达式如下：

$$\arg\min\sum_{j=1}^{J}\sum_{t=1}^{T}\sum_{i=1}^{N}w_j\rho_{\tau j}[y_{it}-x'_{it}\beta(\tau_j)-\alpha_i]+\lambda\sum_{i=1}^{N}|\alpha_i| \tag{5.8}$$

式中，$\rho_{\tau j}(u)=u[\tau_j-I(u\leqslant 0)]$,$\rho_{\tau j}(u)=\tau_j uI_{(0,\infty)}(u)-(1-\tau_j)uI_{(-\infty,0)}(u)$，$w_j$ 为分位数权重，用于控制个体效应估计的分位数影响。在本节中，附近分位数的影响不考虑在内，w_j 取 1。λ 是调节系数，当 $\lambda=0$ 时，模型中的系数为固定效应分位数回归估计量，$\lambda>0$ 时为惩罚分位数回归估计量。$\sum_{i=1}^{N}|\alpha_i|$是惩罚项，引入的目的是考虑个体的固定效应，便于使分位数方程估计有更好的结果。在估计每个截面的完全分布效应 $\alpha_i(\tau)$ 时，如果截面数据较少，则估计比较苛刻，应采用 $\alpha_i(\tau)\equiv\alpha_i$ 来做替代，使得 α_i 不随 τ 的变化而发生改变。

5.4.3 模型设定与分位数回归结果分析

5.4.3.1 模型设定

根据以上情况，特将实证模型设定如下：

$$Pollution_{it}=\beta_0+\beta_1 Collusion_{it}+\beta_2 Decentral_{it}+\beta_3 PerGDP_{it}+\beta_4 PerGDP_{it}\_eq+\beta_5 Industry_{it}+\beta_6 FDI+\varepsilon_{it} \quad (5.9)$$

式（5.9）中，$Pollution_{it}$为工业二氧化硫和工业废水的排放量，β_0为某一地区的截面效应，ε_{it}为随机扰动项，i和t代表省份和时间。根据普通面板数据分析结果，财政分权对工业二氧化硫有直接作用，本书用Stata软件对面板数据进行分位数回归，报告选择最小二乘回归与0.1～0.9不同分位数水平下的估计结果进行比较分析。

5.4.3.2 工业二氧化硫分位数分析

表5.5给出了工业二氧化硫面板数据分位数回归结果，最后一行是普通面板数据最小二乘回归结果，用作对比分析。

表5.5 工业二氧化硫面板数据分位数回归结果

tau	Collusion (1)	Decentral (2)	PerGDP (3)	PerGDP _ eq (4)	Industry (5)	FDI (6)
0.1	0.0185 (1.41)	0.005*** (6.07)	2.7008*** (4.03)	−0.4952*** (−7.18)	1.399*** (22.50)	−0.1034*** (−5.80)
0.2	0.0646** (2.56)	0.0127 (0.69)	3.2906*** (2.74)	−0.5073*** (−3.55)	0.7066** (2.38)	−0.0172 (−0.56)
0.3	0.0646*** (5.39)	0.0278*** (3.64)	2.7707* (2.10)	−0.4933*** (−3.61)	0.9958*** (16.17)	0.0467 (1.26)
0.4	0.0413* (1.66)	0.0178 (1.60)	3.2732*** (3.41)	−0.539*** (−5.00)	1.0206*** (19.80)	0.0842* (1.65)
0.5	0.0502 (1.37)	0.0375** (2.41)	2.4512*** (2.73)	−0.482*** (−4.61)	0.992*** (7.77)	0.0398 (1.27)
0.6	0.0482*** (4.81)	0.0356*** (14.87)	0.9474*** (6.03)	−0.2475*** (−12.44)	0.9755*** (46.38)	−0.0681*** (−3.89)
0.7	−0.0349** (−2.16)	0.0495*** (3.38)	0.0749 (0.19)	−0.1053* (−1.91)	0.6595*** (3.95)	−0.0127 (−0.33)
0.8	−0.0250 (−1.45)	0.0632*** (3.45)	0.0515 (0.07)	−0.1602** (−2.04)	0.6937*** (2.89)	0.003 (0.04)

续表5.5

tau	Collusion (1)	Decentral (2)	PerGDP (3)	PerGDP _ eq (4)	Industry (5)	FDI (6)
0.9	−0.0188*** (−3.79)	0.0113 (1.25)	−0.4778*** (−4.03)	−0.0256* (−1.66)	0.7925*** (73.91)	−0.0999*** (−8.25)
LS	0.0264** (2.12)	0.0255*** (4.90)	2.695*** (8.21)	−0.4178*** (−11.85)	0.7296*** (5.99)	0.0408** (2.29)

注：①“tau”代表分位数水平，第一行表示解释变量名称；②“LS”表示普通面板数据回归分析；③数字部分是在不同分位数水平下对解释变量关于工业二氧化硫（SO_2）影响的系数估计值和 z 值。

从表 5.5 列（1）可以看出，核心解释变量地方政企合谋（Collusion）在各个分位数水平下回归系数的符号波动性较大，有正有负，与最小二乘回归系数为正有一定的差异，但是在大部分分位数水平下还是表现为正值。具体来看，在 tau=0.1～0.6 之间时，地方政企合谋对于工业二氧化硫的回归系数为正，基本上通过显著性检验，且比 LS 回归结果系数估计值大得多，也就是说工业二氧化硫排放处于低度或者中度时，地方政企合谋加大了工业二氧化硫的排放量。这可能是因为工业二氧化硫本身具有流动性，容易转移到其他区域，因此地方政府与排污企业合谋不用顾忌对本地造成的影响。而当 tau=0.7～0.9 时，地方政企合谋对工业二氧化硫的回归系数为负，基本上通过显著性检验，也就是说工业二氧化硫排放处于高度时，地方政企合谋降低了工业二氧化硫的排放。这可能是因为二氧化硫是国家规定减排的四种主要污染物之一，中央政府对工业二氧化硫污染较为严重的区域监督力度较大，为了规避风险，获得更多的晋升机会，地方政府与排污企业的合谋转向合作，反而抑制了工业二氧化硫的排放。

列（2）中发现财政分权（Decentral）对于工业二氧化硫的影响在各分位数水平表现出一致性，回归系数都为正，与最小二乘法回归系数为正也相符合，仅在 tau=0.2，0.4，0.8 时没有通过显著性检验，说明财政分权对工业二氧化硫的负面影响基本不受当地环境污染水平差异的影响，财政分权程度的提高加大了工业二氧化硫的排放量。列（3）中人均收入（PerGDP）在各分位数对工业二氧化硫的回归系数为正，仅在 tau=0.9 时为负，说明在不同的分位数水平下人均收入的提高均带来了工业二氧化硫排放的增加。结合人均收入的二次方（PerGDP _ eq），发现在不同分位数水平下人均收入与工业二氧化硫之间均呈现倒 U 形曲线特征，通过环境库兹涅茨曲线（EKC）理论假说，当

tau=0.9 时不呈现该曲线特征，最小二乘回归结果表现出环境库兹涅茨曲线特征。列（5）中产业结构（Industry）对工业二氧化硫的影响依然非常显著，tau=0.1～0.9 几乎全部在 1%水平通过显著性检验，说明第二产业增加值对于不同分位数水平都能进一步加大工业二氧化硫的排放，产业结构的调整非常必要。第三产业比重的提高对环境改善依然是一种重要的战略，最小二乘回归估计也支持了这一观点。列（6）中外资进入（FDI）在不同分位数水平下对工业二氧化硫排放的影响没有表现出差异，回归系数有正有负，而最小二乘估计结果显示外资进入将减少工业二氧化硫的排放，从这个污染物来看，“污染避难所假说”并不成立。

总的来看，面板分位数回归结果与普通面板数据回归结果进行比较，两者回归系数的正负表现出较强的一致性，显著性水平有些许差异，但从本质上都能体现这些变量对工业二氧化硫的排放产生显著性影响。核心解释变量（Collusion）回归系数基本一致，只是在不同的分位数水平下有差异。具体说来，tau=0.1～0.7 时产生显著性影响，也就是说，除了高度污染区域以外，地方政企合谋都会加大工业二氧化硫的排放，这与最小二乘估计结果在 1%的水平下显著体现出一致性。财政分权、人均收入、人均收入二次方和产业结构完全一致，仅外资进入（FDI）在不同分位数水平下表现出较大的差异。

图 5.3 给出了在不同分位数水平下地方政企合谋（Local）对工业二氧化硫排放影响的回归系数变化。从变化图来看，当 tau=0.1～0.6 时，地方政企合谋加大了工业二氧化硫的排放，当 tau=0.7 以上时，地方政企合谋导致工业二氧化硫的排放减少。地方政企合谋在分位数水平不断提高时，回归系数出现先增大后减小的情况，当分位数 tau=0.2～0.3 时达到最大值，也就是说此时地方政企合谋对工业二氧化硫的排放影响最大。当 tau=0.7 时达到最小值，此分位数水平下地方政企合谋对工业二氧化硫的排放影响最小，最有利于减少工业二氧化硫的排放。

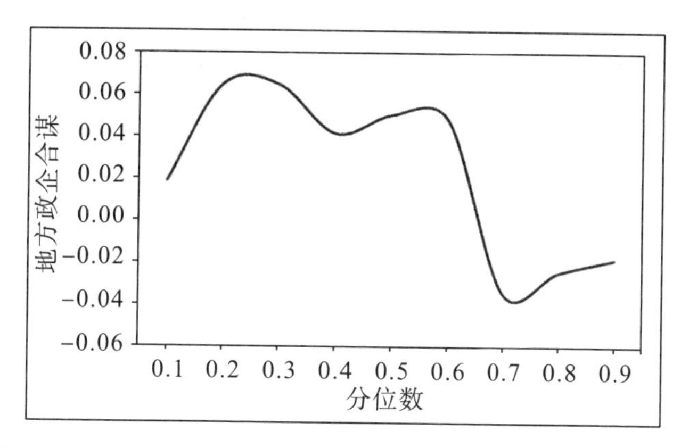

图 5.3　工业二氧化硫在不同分位数水平下回归系数估计值的变化

5.4.3.3　工业废水分位数分析

表 5.6 给出了工业废水面板数据分位数回归结果，最后一行是普通面板数据最小二乘回归结果，用作对比分析。

表 5.6　工业废水面板数据分位数回归结果

tau	Collusion (1)	PerGDP (2)	PerGDP _ eq (3)	Industry (4)	FDI (5)
0.1	0.0347*** (3.69)	0.7797* (1.77)	−0.1592*** (−5.20)	1.0007*** (11.90)	0.0917* (1.70)
0.2	0.0176* (1.68)	0.186 (0.96)	−0.1453*** (−6.04)	0.8681*** (117.66)	0.1486*** (31.05)
0.3	0.0298*** (3.99)	1.0852*** (4.21)	−0.238*** (−7.76)	0.8198*** (110.70)	0.1401*** (38.80)
0.4	0.0348*** (2.56)	−0.7082*** (−2.63)	−0.0347 (−1.28)	0.8574*** (50.42)	0.1351*** (7.74)
0.5	0.0131 (0.76)	−0.9513*** (−2.76)	−0.0198 (−0.47)	1.1603*** (14.87)	0.0193 (0.59)
0.6	0.0283 (1.11)	−0.8944** (−2.11)	0.0175 (0.29)	0.865*** (63.14)	0.0842*** (4.96)
0.7	0.063*** (10.01)	−0.3887 (−1.31)	−0.0679* (−1.96)	0.9444*** (53.22)	0.1098*** (11.46)
0.8	0.0256 (0.95)	0.6051 (1.32)	−0.1799*** (−2.95)	1.0063*** (17.93)	−0.0463 (−0.93)
0.9	0.119*** (19.97)	0.5939 (1.59)	−0.1434*** (−3.10)	0.6822*** (27.52)	0.1323*** (7.11)

续表5.6

tau	Collusion (1)	PerGDP (2)	PerGDP _ eq (3)	Industry (4)	FDI (5)
LS	0.0244* (1.93)	0.710** (2.19)	−0.141*** (−4.13)	0.523*** (4.24)	−0.0504*** (−2.78)

注：①“tau”代表分位数水平，第一行表示解释变量名称；②“LS”表示普通面板数据回归分析；③数字部分是在不同分位数水平下对解释变量关于工业二氧化硫（SO_2）影响的系数估计值和 z 值。

列（1）中是核心解释变量地方政企合谋（Collusion）的分位数回归情况。在不同分位数水平下，地方政企合谋对工业废水的影响波动性较小，回归系数符号与普通面板数据回归结果表现出一致性，基本上显著为正，即地方政企合谋加大了工业废水的排放量。这可能是因为中央政府对工业废水的监督力度不如对工业二氧化硫，地方政企合谋行为对不同分位数水平下工业废水排放一直存在正向作用，即加大了工业废水排放量。当 tau=0.1～0.8 时影响比较平稳，系数估计值为正，相对工业二氧化硫较小，说明工业废水对区域的环境造成的影响比较直观，中央政府和公众容易观察到，这对地方政企合谋是一种约束，因此在中低分位数水平下对工业废水比对工业二氧化硫的影响要小。在 tau=0.9 时系数估计值依然为正，达到最大值，说明加大工业废水排放量的地方政企合谋行为并未收敛。

从普通面板数据回归结果来看，财政分权（Decentral）对工业二氧化硫的影响显著，但对工业废水的影响不显著，且将其纳入分位数回归后结果并不理想，因此在对工业废水面板数据进行分位数分析时将财政分权从模型中去掉。列（2）中人均收入（PerGDP）和列（3）中人均收入的二次方（PerGDP _ eq）的分位数情况在低分位数水平（tau=0.1～0.3）和高分位数水平（tau=0.7～0.9）都表现出倒 U 形曲线特征，符合普通面板数据回归结果，且处于倒 U 形曲线的左侧。在中分位数水平（tau=0.4～0.6）下依然呈现倒 U 形曲线特征，但此时处于倒 U 形曲线的右侧，也就是超过拐点。列（4）产业结构（Industry）在各分位数水平下对工业废水排放量的影响显著为正，即加大了排放量，与普通面板数据回归结果表现一致。列（6）外资进入（FDI）在各分位数水平下的影响显著为正，即加大了工业废水的排放量，与普通面板数据回归结果相反。

总之，分位数回归结果与普通面板数据回归结果表现基本一致，核心解释变量（Collusion）影响为正，6 个分位数水平下通过了显著性水平，人均收入有部分在分位数水平下系数为负，与普通面板数据回归结果有差异，产业结构的表现完全一致，仅仅外资进入对工业废水排放的影响与普通面板回归结果差异较大，前者系数几乎都为正，后者为负。

图 5.4 给出了工业废水在不同分位数水平下核心解释变量地方政企合谋（Collusion）系数估计值的变化。总的来说，地方政企合谋的回归系数为正，在大部分分位数水平下都通过了显著性检验，也就是说地方政企合谋加大了工业废水的排放量。从不同分位数水平下回归系数估计值的变化来看，当 tau=0.1～0.6 时影响比较平稳，系数估计值较小；当 tau>0.6 时，系数估计值变化呈现 N 形曲线特征；当 tau=0.9 时达到最大值。

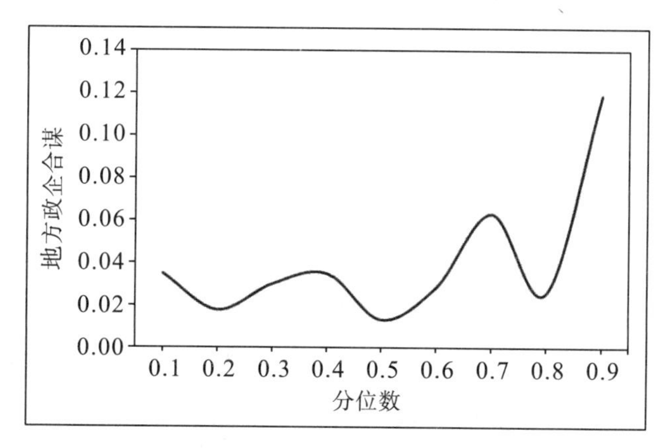

图 5.4　工业废水在不同分位数水平下回归系数估计值的变化

5.5　本章小结

本章基于地方政企合谋影响环境污染的理论分析，进一步进行理论阐述并提出理论假说。以工业二氧化硫和工业废水等主要污染物作为被解释变量，建立了计量经济学模型，利用 1997—2014 年中国 30 个省份的省级数据，采用面板数据模型分析，对地方政企合谋与环境污染的内在逻辑关系进行了实证检验并获得了相关结论。

本章研究的重点是地方政企合谋与环境污染之间的关系。以省长由本地晋升作为地方政企合谋的替代变量以后，在没有其他解释变量的情况下，地方政企合谋程度每提高 1%，工业二氧化硫和工业废水的排放量分别增加 0.0418%和 0.0234%。增加了人均收入、人均收入平方项、外资进入、产业结构等经济控制变量以后，地方政企合谋程度每增加 1%，工业二氧化硫和工业废水的排放量分别增加 0.0264%和 0.0244%，说明在 GDP 主导的政绩考核下，由本地晋升的官员更有动力与排污企业合谋，发展经济却降低了对环境保护的力度。

理论部分提到了影响地方政企合谋的动力机制，即财政收益、晋升激励和寻租收益是地方政府参与合谋的三大动力因素。本章对财政收益和晋升激励两个因素进行了实证检验，寻租收益是地方政府参与合谋得到的租金收入，是排污企业给予的回报，包含的内容很广，不完全是腐败行为，很难衡量，因此没有纳入进来分析。动力机制的研究结果如下：

1）财政分权助推地方政企合谋，进一步加大了环境污染物的排放量

地方政府选择与排污企业合谋的动机之一是增加地方政府的财政收益。通过引入财政分权与地方政企合谋的交互项研究发现，交互项增加了工业二氧化硫和工业废水的排放量。这表明财政分权程度提高，地方政府能够获得更多的财政收益，更有动力与排污企业合谋，放松环境规制，使污染排放量增加。

2）晋升激励影响地方政企合谋，进而影响环境污染水平

地方政府（官员）与排污企业合谋的另一个动机是晋升机会。为了获得更多的晋升机会，地方官员在任期的不同阶段选择与企业周期性合谋，进而影响环境污染水平。研究发现，地方官员任期与工业二氧化硫之间呈现明显的倒U形曲线特征。这表明官员任期影响官员合谋行为，为了获得更多的晋升机会，地方官员放松环境规制，从而加大工业二氧化硫的排放量。随着任期即将结束，地方官员积极响应中央政府的号召，加强环境规制，工业二氧化硫的排放量随之减少。

对环境污染经典假说验证、产业结构影响等方面的研究结果如下：人均收入与工业二氧化硫、工业废水呈现明显的倒U形曲线特征，符合环境库兹涅茨曲线假说检验。外资进入与环境污染之间呈现明显的负相关关系，即外资进入没有恶化反而改善了环境，“污染避难所假说”没有通过验证。产业结构方面表现出明显的正向作用，在1%的水平下显著，说明第二产业增加值越高，环境污染越严重。我国还处于粗放型发展模式当中，优化产业结构是改善环境的重要举措。

为了更精确地描述地方政企合谋对环境污染的变化范围、条件分布形状的影响情况，控制个体的异质性，在条件分布不同分位点即不同的污染水平下实证分析地方政企合谋对环境污染产生的影响。在对面板数据模型分析后，又采用了分位数回归的方法对地方政企合谋与环境污染之间的关系进行了实证检验，得出的结论与面板数据回归的结论有一致的地方，而在不同程度的环境污染条件下，地方政企合谋对环境污染的影响又存在一定的差异，这对于因变量

条件均值的技术缺陷是一种很好的弥补。具体情况如下：不同分位数水平下地方政企合谋均增加了工业废水的排放量，但对工业二氧化硫的影响存在较大的差异。地方政企合谋对中低污染水平下的工业二氧化硫影响系数估计值显著为正，且远大于最小二乘回归系数估计值，而高分位数水平下系数估计值为负。这表明，在工业二氧化硫处于中轻度污染水平时，由于该污染物易于扩散到相邻区域，地方政府易于与排污企业合谋，增加工业二氧化硫的排放量。而在工业二氧化硫处于高污染水平时，由于严重的雾霾天气损害中央政府形象，中央政府加强了对空气污染物的监督，地方政企合谋风险增加了，合谋行为减弱，从而抑制工业二氧化硫的排放。环境污染经典假说验证、产业结构影响与面板数据分析结果一致。

第6章　地方政企合谋影响环境污染的区域性差异分析

在前面章节中，介绍了地方政企合谋的含义、分析框架和形成的制度背景，并从理论上分析了环境污染中地方政企合谋的作用机理和理论模型。地方政府会因为关注地方经济增长而放松对环境的规制，从而使环境污染更为严重。在实证检验部分，用省长是否由本地晋升作为地方政企合谋的替代变量，根据地方政企合谋影响环境污染的作用机理，将财政分权、晋升激励纳入模型中进行分析。结果表明，省长由本地晋升后对本地精英给予回报，与排污企业合谋，而财政分权加大了这一效应，导致该地区环境污染程度越来越严重，晋升激励体现在地方官员任期与环境污染的关系上。由于我国地域广阔，东中西部地区的资源禀赋、经济发展水平等各不相同，地方政企合谋在不同地区的影响可能会有差异。

本章的结构安排如下：第一部分介绍我国区域环境污染概况；第二部分是理论阐述与假说的提出；第三部分是模型设定、数据来源与研究方法；第四部分是地方政企合谋影响环境污染的区域性差异面板数据分析；第五部分是本章小结。

6.1　我国区域环境污染概况

地方政府与排污企业合谋，放松环境规制，加快经济增长，使得环境污染加重。结合东中西部地区的具体情况，本章将深入分析地方政企合谋对环境污染影响的区域性差异，试图为中央政府防范合谋采用不同政策提供必要的参考。

从1997—2014年来看，我国人均收入持续增长，环境污染呈现先增后减的特征，短期符合环境库兹涅茨曲线特征。总体上看，东部地区经济发展较快，环境污染排放总量远大于中部和西部地区。下面介绍东中西部三个不同区域的环境污染状况①。

1997—2014年的18年间，我国工业二氧化硫排放量波动较大，呈现出先上升后下降的趋势，如图6.1所示。1997年为二氧化硫排放量最小值，仅为1362万吨，2006年达到最大值，高达2588万吨。东中西部三大区域的工业二氧化硫排放量基本保持相似走向，表现出先上升后下降的趋势。东部地区和中部地区排放量在2005年后基本相同，西部地区排放量最小。全国工业二氧化硫排放量从1997年的1362万吨增加到2014年的1740万吨，增长了1.28倍。东中西部三大区域的增长倍数分别为1.003倍、1.51倍和1.51倍。

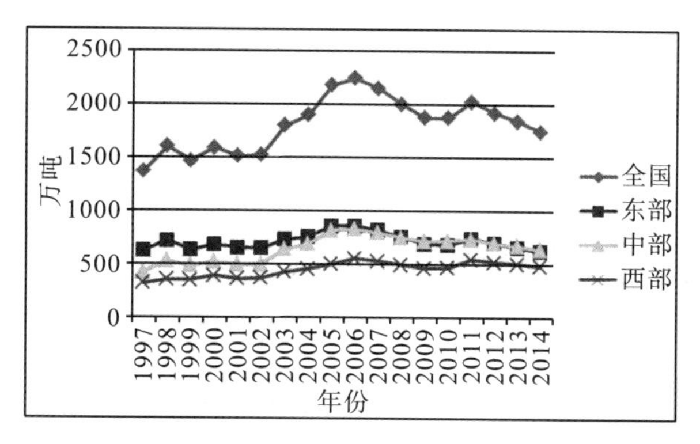

图6.1　工业二氧化硫排放量变化（1997—2014年）

资料来源：根据1997—2014年《中国环境统计年鉴》整理所得。

从总体上看，我国工业废水排放量呈现先增加后减少的特征，东部地区符合这一特征，东部地区排放量大于中部和西部地区，中部和西部地区波动较小，中部地区排放量大于西部地区，如图6.2所示。1997年，我国工业废水排放量为1880910万吨，2014年为2052997万吨，增长1.09倍。2014年，东中西部三大区域的工业废水排放量分别为1093171万吨、672099万吨和287727万吨，东部地区工业废水排放量分别是中部、西部的1.63倍和3.79倍。显然，东中西部三大区域的经济发展水平差别较大。

① 根据1986年“七五”对东中西部三大区域的划分，增加重庆市，具体如下：东部地区包括北京、天津、河北、辽宁、上海、江苏、浙江、福建、山东、广东和海南11个省（市）；中部地区包括黑龙江、吉林、山西、安徽、江西、河南、湖北、湖南8个省；西部地区包括内蒙古、广西、重庆、四川、贵州、云南、西藏、陕西、甘肃、青海、宁夏、新疆12个省（市、区），西藏的数据予以剔除。

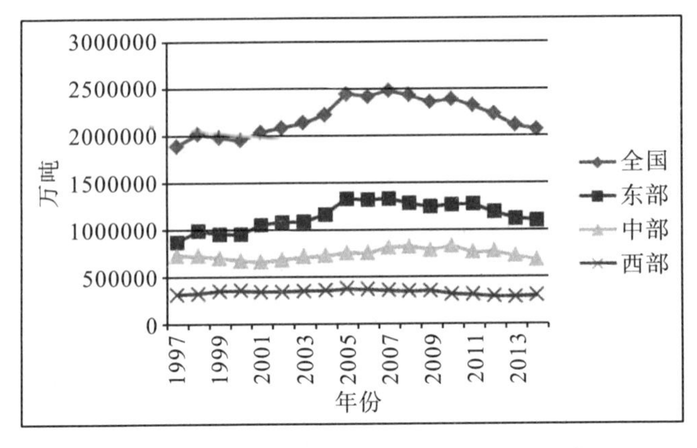

图 6.2 工业废水排放量变化（1997—2014 年）

资料来源：根据 1997—2014 年《中国环境统计年鉴》整理所得。

6.2 理论阐述与假说的提出

本书第三章概述部分阐述了中国式财政分权与地方政企合谋，财政分权激励体制扭曲了地方政府的行为，使其与排污企业合谋，在创造更多经济绩效的同时带来了环境污染等问题。以往在研究这些问题时把地方政府当作同质的个体，没有考虑地区差异。显然，这种同质性假设难以解释地方政企合谋行为对不同经济发展水平和资源禀赋的地区的影响，中央政府也难以制定不同区域差异化的防范合谋措施。

地方政府是“理性经济人”，制定政策时必须考虑自身的成本与收益，实现利益最大化。我国东中西部地区经济发展水平不一样，并且有自由裁量权，地方政企合谋对环境污染的影响情况也不一样。差异的原因主要有以下五个方面。

1）财政收入的差异

一般来说，经济发达地区的财政收入远高于经济落后地区，地方政府在履行事权时面临的压力较小，能更好地扮演公共利益代言人的角色，对于环境保护问题更为重视。

2）第二产业比重的差异

经济发达地区产业结构优化，第三产业比重较高，工业企业对地方经济的贡献下降，地方政府与排污企业合谋的机会成本较高；而经济落后地区工业生产比重较高，对经济的贡献较大，地方政府与公众对工业企业的期望值较高，排污企业不需要与地方政府合谋，就能在宽松的环境规制条件下生产。

3）公众环保需求与监督环境力度差异

经济发达地区的居民对环境质量的要求较高，而经济落后地区的居民更加关注收入增长，对环境保护要求不高。环境保护与公众参与联系密切，经济发达地区公众参与公共决策和监督公共事务的意识较强，而经济落后地区却恰好相反。

4）招商引资环境不同

经济发达地区外部经营环境较好，并有广阔的市场，在招商引资上具有很大的优势，那些高污染、高能耗和高排放的企业很难在此落地生根。经济落后地区则相反，那里往往只能引进产业技术水平较低的项目，“三高”企业更易扎根。

5）中央政府防范合谋程度不同

对于经济发达地区，或许是公众受教育程度较高，参与意识较强，中央政府也比较重视，会加强对地方政企合谋的防范，要求地方政府和企业采取环保方式进行生产。经济落后地区对经济增长的贡献较少，公众参与意识较弱，中央对地方政企合谋的干预也少。

基于以上分析，提出理论假说 6.1：我国地域经济社会结构差异较大，地方政企合谋对不同地区环境污染的影响存在较大的差异。经济发达地区的外部条件优越，招商引资较为容易，财政状况较好，公众参与环境保护意识较强，地方政企合谋对环境污染的影响较小；经济落后地区经济基础较为薄弱，更倾向于牺牲环境换取短期的经济增长，地方政企合谋带来的影响较大。

6.3　模型设定、数据来源与研究方法

6.3.1　计量模型设定

根据上一章的理论分析，结合变量的指标选取，为了检验东中西部不同地区地方政企合谋对环境污染的影响，特设定环境污染（Pollution）为被解释变量，地方政企合谋（Collusion）为主要解释变量，建立计量经济学模型。

$$Pollution_{it}=\beta_0+\beta_1 Collusion_{it}+\beta_2 Decentral_{it}+\beta_3 Local_{it}\times Decentral_{it}+\beta_4 PerGDP_{it}+\beta_5 PerGDP\_eq+\beta_6 Industry_{it}+\beta_7 FDI+\varepsilon_{it} \tag{6.1}$$

式（6.1）中，i 代表省份，t 代表时间，Pollution 代表环境污染程度，用工业二氧化硫和工业废水来表示，Collusion 代表地方政企合谋，用省长是否由本地晋升来表示。

引入控制变量主要是为了验证环境污染的几个假说，包括：

（1）环境库兹涅茨曲线理论假说。

用人均收入（PerGDP）、人均收入的平方项（PerGDP _ eq）的回归结果来检验。

（2）“污染避难所假说”。

用外资因素（Industry）来检验，外资因素用地区实际利用外资来表示。

（3）财政分权假说。

财政分权程度的提高能够直接加大区域环境污染物的排放量。财政分权（Decentral）用各地区人均财政支出与中央人均财政支出的比值来表示。

（4）产业结构决定论。

产业结构（Industry）用第二产业增加值来表示。由于本章讨论的是区域性差异分析，不可能将理论部分涉及的所有变量都纳入进来，因此仅用以上控制变量来进行实证分析。

ε_{it}表示随机扰动项，i 和 t 分别代表省份和时间。为了使得数据更为平滑，本章对以上变量的实际值进行了对数化处理。同时，为了检验环境库兹涅茨曲线，本章还增设了人均 GDP 的平方项（PerGDP _ eq）。

6.3.2 数据来源与变量的描述性统计分析

本章涉及的环境污染中工业二氧化硫和工业废水的数据来自历年《中国环境统计年鉴》，有关地方官员贪污贿赂和渎职的立案数从历年《中国检察年鉴》获得。地方官员的个人特征来自人民网和新华网等网站公布的资料。控制变量相关数据均来自《新中国六十年统计资料汇编》和《中国统计年鉴》。从深化改革开放开始，鉴于重庆市 1997 年成为直辖市，本章选取 30 个省份 1997—2014 年共 18 年的数据进行实证研究，对理论假说进行检验，其中西藏的数据暂予以剔除。各变量的描述性统计特征如表 6.1 所示。

表 6.1　各变量的描述性统计特征

变量	样本量	均值	标准差	最小值	最大值
SO_2	540	5.647	0.409	4.228	6.246
Water	540	4.692	0.422	3.538	5.472
Collusion	540	0.689	0.463	0	1
Decentral	540	4.301	2.914	1.097	14.660
PerGDP	540	4.199	0.376	3.345	5.022
Industry	540	3.386	0.538	1.897	4.497
FDI	540	5.941	0.876	1.821	7.354

6.4 地方政企合谋影响环境污染的区域性差异面板数据分析

6.4.1 东中西区域工业二氧化硫的回归结果

表 6.2 给出了地方政企合谋与工业二氧化硫基于全国范围内和东中西分区域面板数据的回归结果。

表 6.2 地方政企合谋与工业二氧化硫：东中西区域面板数据的回归结果

	(1) 全国	(2) 东部	(3) 东部	(4) 中部	(5) 西部
Collusion	0.0264** (2.12)	0.0261 (1.01)		0.0576* (1.69)	0.0279 (0.59)
Decentral	0.0255*** (4.90)	0.0077 (0.89)		0.09** (2.00)	−0.0366** (−2.16)
Collusion× Decentral			0.0104*** (3.02)		
PerGDP	2.695*** (8.21)	2.313** (2.16)	2.429** (2.38)	−6.187** (2.60)	−5.774*** (3.19)
PerGDP_eq	−0.4178*** (−11.85)	−0.344*** (−2.72)	−0.356*** (−3.05)	0.59* (1.89)	0.639*** (2.79)
Industry	0.7296*** (5.99)	1.272*** (26.56)	1.272*** (30.14)	0.801*** (5.92)	0.568*** (7.87)
FDI	0.0408** (2.29)	−0.161*** (−3.03)	−0.175*** (−3.47)	−0.188*** (−3.32)	0.0419 (1.25)
Observations	540	198	198	180	162
R−squared	0.942	0.933	0.935	0.882	0.815
Model	FE	FE	FE	FE	FE

注：①*、**和***分别表示在 10%、5%和 1%的水平下显著；②第一行是被解释变量，第一列是解释变量，其余部分是系数估计值与 t 统计量；③“R−squared”是校正后的 R 平方值，“FE”代表固定效应模型。

列（1）是全国范围内普通面板数据回归结果。结果显示，地方政企合谋（Collusion）对工业二氧化硫在 5%的水平下显著为正，地方政企合谋加大了工业二氧化硫的排放量；财政分权（Decentral）对工业二氧化硫排放在 1%的水平下显著为正；人均收入（PerGDP）与工业二氧化硫的关系呈现倒U形曲线特征，符合环境库兹涅茨曲线规律；产业结构（Industry）对工业二氧化硫在1%的水平下显著为正，说明我国还处于工业化过程中，第二产业增加值的提高加大了工业二氧化硫的排放量，因此提高第三产业比例有助于改善环境质量；外资进入（FDI）加大了工业二氧化硫的排放量，验证了“污染避难所假说”。

列（2）给出了东部地区地方政企合谋等解释变量对工业二氧化硫的回归结果。结果显示，地方政企合谋（Collusion）、财政分权（Decentral）对工业二氧化硫的直接影响没有通过显著性检验，人均收入（PerGDP）、产业结构（Industry）的影响与全国样本一致，外资进入（FDI）减少了工业二氧化硫的排放，进一步说明东部地区吸引外资靠的不是较低的环境规制水平，而是产业集聚优势、地区生产性公共产品提供以及较好的劳动力水平等，没有验证“污染避难说假说”。既然东部地区地方政企合谋与财政分权不能单独直接影响工业二氧化硫的排放，那么根据前面讨论全国面板数据分析时对工业废水中用到的交互项，东部区域中的交互项是否可以影响工业二氧化硫的排放？为此，列（3）固定效应模型分析中去掉了地方政企合谋与财政分权两个解释变量，增加了两者的交互项（Collusion×Decentral）。回归发现，交互项在1%的水平下显著为正，说明本地晋升官员在财政分权的推动下加大了与排污企业的合谋，使得工业二氧化硫的排放量加大了。其他解释变量与列（2）基本一致。

列（4）是中部地区地方政企合谋（Collusion）等解释变量对工业二氧化硫排放的影响。结果显示，地方政企合谋（Collusion）和财政分权（Decentral）对工业二氧化硫排放分别在10%和5%的水平下显著为正，地方政企合谋和财政分权加大了工业二氧化硫的排放量，人均收入（PerGDP）与工业二氧化硫排放呈现U形曲线特征，产业结构（Industry）与工业二氧化硫排放在1%的水平下显著为正，而外资进入（FDI）将减少工业二氧化硫的排放，是一种利好环境的情况。

列（5）是西部地区的回归结果，不管地方政企合谋与财政分权的交互项是否进入固定效应模型，地方政企合谋（Collusion）在西部地区对工业二氧化硫的排放影响都不显著，说明西部地区地方政府是否与排污企业合谋并不影响工业二氧化硫的排放水平。财政分权（Decentral）对工业二氧化硫排放在5%的水平下显著为负，说明财政分权程度越高，工业二氧化硫排放越少。中央政府需要加大西部地区分权的力度，估计一个重要的原因是财政分权程度越高，地方政府获得的经济收益越高，财政分权使得地方政府可支配的政府收益越大，在提供生产性和生活性公共服务上的压力就越小。另外，西部地区经济发展水平较低，需要提供生产性公共产品的压力较小，官员由本地晋升需要回报的本地精英压力也较小，财政分权不仅没有加大工业二氧化硫的排放量，相反还减少了工业二氧化硫的排放量。人均收入（PerGDP）与工业二氧化硫排放呈现 U 形曲线特征，在 1%的水平下显著。产业结构（Industry）在 1%的水平下显著为正。外资进入（FDI）对工业二氧化硫产生正向作用，即加大了污染排放，说明西部地区为了引进外资，可能引进高污染、高能耗的企业。由于西部地区的经济基础较为薄弱，环境规制降低可能是西部吸引外资落户最重要的条件，但该解释变量并未通过显著性检验。

综上所述，地方政企合谋等解释变量对工业二氧化硫排放的影响在东中西部呈现较大的区域性差异，具体如下：虽然核心解释变量地方政企合谋（Collusion）系数估计值在全国面板数据的回归结果显著为正，但从分区域回归结果来看，仅在中部地区显著为正，且系数的值最大，地方政企合谋加大了中部地区工业二氧化硫的排放量。根据上一章的研究结果，东部地区将地方政企合谋与财政分权的交互项（Collusion×Decentral）引入模型中进行回归，结果发现其系数估计值在 1%的水平下通过了显著性检验。省长由本地晋升后，在财政分权的推动下，与排污企业合谋放松环境规制，加大了工业二氧化硫的排放量，而西部地区加入交互项也没有通过显著性检验，说明西部地区地方政企合谋对工业二氧化硫的排放没有产生影响。财政分权（Decentral）在东部地区也是通过交互项影响工业二氧化硫的排放，并无直接影响；在中部地区系数估计值显著为正，在西部地区显著为负，说明财政分权程度的提高在中部地区加大了工业二氧化硫的排放量，而在西部地区降低了工业二氧化硫的排放量。东部地区人均收入（PerGDP）及其二次方（PerGDP _ eq）系数估计值与全国大样本面板数据回归结果表现一致，通过了显著性检验，呈倒 U 形曲线特征。通过环境库兹涅茨曲线理论假说，中部地区和西部地区也通过了显著性检验，但人均收入与工业二氧化硫排放呈现 U 形曲线特征，目前中部地区处于 U 形曲线的左侧。产业结构（Industry）在全国区域和东中西部三个地区表现出惊人的一致性，均在 1%的水平下显著为正，说明第二产业增加值的提高直接加大了工业二氧化硫的排放量。外资进入（FDI）在东中西部地区间表现出较大的差异，全国区域内显示外资进入加大了工业二氧化硫的排放量，而东部地区和中部地区在 1%的水平下显著为负，说明外资进入减少了工业二氧化硫的排放量，西部地区系数估计值为正，但未通过显著性检验。

6.4.2 东中西区域工业废水的回归结果

表 6.3 给出了全国和东中西分区域地方政企合谋（Collusion）等解释变量对工业废水（Water）的回归结果。

表 6.3 地方政企合谋与工业废水：东中西区域面板数据的回归结果

	（1）全国	（2）东部	（3）中部	（4）西部
Collusion	0.0243* (1.92)	0.127*** (4.69)	0.0653*** (2.77)	0.0155 (0.37)
Decentral	0.0009 (0.18)	−0.0264*** (−2.93)	−0.0823*** (−2.65)	−0.004 (−0.27)
PerGDP	0.723** (2.17)	3.102*** (2.77)	−3.558*** (−2.17)	−0.0022 (−0.0014)
PerGDP _ eq	−0.143*** (−3.98)	−0.386*** (−2.92)	0.35*** (1.63)	0.006 (0.0296)
Industry	0.521*** (4.20)	0.973*** (19.41)	0.623*** (6.68)	0.724*** (11.36)
FDI	−0.0502*** (−2.76)	−0.0696 (−1.25)	0.104*** (2.66)	0.0963*** (3.25)
Observations	540	198	180	162
R−squared	0.945	0.913	0.806	0.877
Model	FE	FE	FE	FE

注：①*、**和***分别表示在 10%、5%和 1%的水平下显著；②第一行是被解释变量，第一列是解释变量，其余部分是系数估计值与 t 统计量；③“*R*−squared”是校正后的 R 平方值，“FE”代表固定效应检验。

列（1）是全国范围大样本的回归结果。结果显示，地方政企合谋（Collusion）对工业废水在 10%的水平下显著为正，即地方政企合谋加大了工业废水的排放量。财政分权（Decentral）影响系数为正，但并不显著，也就是说在全国范围内，财政分权对工业废水没有直接影响。人均收入（PerGDP）在 5%的水平下显著为正，其二次方（PerGDP _ eq）在 1%的水平下显著为负，人均收入与工业废水排放呈现倒 U 形曲线特征，通过了环境库兹涅茨曲线理论假说检验。产业结构（Industry）在 1%的水平下显著为正，说明第二产业增加值的提高加大了工业废水的排放量。外资进入（FDI）在 1%的水平下显著为负，说明外资进入提高了技术水平和管理水平，减少了工业废水的排放量。

列（2）给出了东部地区地方政企合谋（Collusion）等变量对工业废水排放量的影响情况。回归结果显示，地方政企合谋（Collusion）在1%的水平下显著为正，说明地方政企合谋的提高加大了工业废水的排放量。财政分权（Decentral）系数在1%的水平下显著为负，说明东部地区财政分权程度的提高不仅没有加大工业废水的排放量，反而减少了工业废水的排放量。人均收入（PerGDP）在1%的水平下显著为正，其二次方（PerGDP _ eq）在1%的水平下显著为负，人均收入与工业废水排放量呈现倒U形曲线特征，通过了环境库兹涅茨曲线理论假说检验。产业结构（Industry）在1%的水平下显著为正，说明第二产业增加值的提高加大了工业废水的排放量。外资进入（FDI）系数估计值符号为负，也就是说外资进入降低了工业废水的排放量，但没有通过显著性检验。

列（3）给出了中部地区地方政企合谋（Collusion）等解释变量对工业废水排放量的影响。结果显示，地方政企合谋在1%的水平下显著为正，说明地方政企合谋加大了工业废水的排放量。财政分权（Decentral）系数估计值在1%的水平下显著为负，说明财政分权程度的提高减少了工业废水的排放量。人均收入（PerGDP）估计系数在1%的水平下显著为负，其二次方（PerGDP _ eq）系数估计值在1%的水平下显著为正，人均收入与工业废水排放呈现U形曲线特征，目前正处于U形曲线的左侧。产业结构（Industry）在1%的水平下显著为正，第二产业增加值的提高加大了工业废水的排放量。外资进入（FDI）系数估计值在1%的水平下显著为正，中部地区外资的引入加大了工业废水的排放量，说明中部承接了部分高污染的外资企业进入。

列（4）给出了西部地区地方政企合谋（Collusion）等解释变量对工业废水排放量的影响。结果显示，地方政企合谋（Collusion）、财政分权（Decentral）、人均收入（PerGDP）及其二次方（PerGDP _ eq）对工业废水排放的影响均未通过显著性检验，仅有产业结构（Industry）和外资进入（FDI）在1%的水平下显著为正，说明第二产业增加值的提高加大了工业废水的排放量，同时西部地区外资的引入加大了工业废水的排放量，说明西部承接了较多高污染的外资企业进入。将前面影响不显著的变量去掉以后，仅保留产业结构和外资两个解释变量，发现 $R-$squared 值为0.776，并未提高拟合的效果，说明影响西部工业废水排放量的还有其他因素，需要继续探究。

综上所述，地方政企合谋等解释变量对工业废水排放的影响在东中西部呈现较大的区域性差异，具体如下：核心解释变量地方政企合谋（Collusion）的系数估计值在东部地区和中部地区均在1%的水平下显著为正，地方政企合谋的提高加大了工业废水的排放量，地方政企合谋程度提高1%，东中西部工业废水排放量分别增长0.127%、0.0653%和0.0155%。财政分权（Decentral）的系数估计值在东部地区和中部地区在1%的水平下显著为负，财政分权程度减少了工业废水的排放量，西部地区系数估计值也为负，但没有通过显著性检验。东部地区人均收入（PerGDP）及其二次方（PerGDP_eq）系数估计值与全国大样本面板数据回归结果表现一致，在1%的水平下通过显著性检验，呈现倒U形曲线特征，通过环境库兹涅茨曲线理论假说检验。中部地区也在1%的水平下通过显著性检验，但人均收入与工业废水排放呈现U形曲线特征，目前中部地区处于U形曲线的左侧。产业结构（Industry）在全国区域和东中西部三个地区表现出惊人的一致性，均在1%的水平下显著为正，说明第二产业增加值的提高直接加大了工业废水的排放量。外资进入（FDI）在东中西部地区间表现出较大的差异，全国区域内显示外资进入减少了工业废水的排放量，东部区域减少了工业废水排放量但没有通过显著性检验，中部地区和西部地区在1%的水平下通过显著性检验，中部地区和西部地区外资进入加大了工业废水的排放量。

6.5 本章小结

本章首先回顾了我国不同区域环境污染排放情况，在此基础上进行了理论阐述并提出了理论假说。通过建立区域性差异的计量经济学模型，利用分地区的数据对工业二氧化硫和工业废水分别进行回归分析，得出相关结论。通过分析发现，对于东中西部地区工业二氧化硫和工业废水回归模型，东部地区拟合效果最好，R－squared值均在0.9以上，西部次之，中部拟合度最低。但总的来说，R－squared值都在0.8以上，说明回归效果不错。

1）核心解释变量地方政企合谋对不同地区环境污染的影响与全国回归情况存在一定的相似性，但仍然存在东中西部区域性差异

（1）以工业二氧化硫为被解释变量的模型中，核心变量地方政企合谋的系数在东中西部均为正值，但仅在中部地区显著，即地方政企合谋加大了中部地区工业二氧化硫的排放量。为了分析东部地区核心变量对工业二氧化硫排放的影响，根据上一章研究中提到的财政分权的助推力，本章将地方政企合谋与财政分权的交互项加入东部模型中进行回归。结果发现，其系数在1%的水平下通过显著性检验，即省长由本地晋升后，在财政分权的助推下，与排污企业合谋，放松环境规制，加大了东部地区工业二氧化硫的排放量。西部地区在加入

地方政企合谋与财政分权的交互项后依然没有通过显著性检验，说明地方政企合谋对西部地区工业二氧化硫的排放没有产生显著性影响。这种差异性可以解释为，东部地区由于经济基础较好、产业结构优化，公众对好的环境质量需求也高，地方政府更加关注生态环境，纵然与排污企业合谋，环境规制水平也不会太低，即东部地区地方政企合谋对环境污染不会带来太大的影响。西部地区经济基础薄弱、产业结构较差，公众对环境质量的需求也不高，地方政府为了发展经济，不用与排污企业合谋，直接降低环境规制水平，即西部地区地方政企合谋较弱，对环境污染的影响较小。而中部地区发展水平介于东部地区和西部地区之间，不具有东部好的产业结构，也没有西部较低的环境规制水平，地方政府与排污企业合谋对环境污染的影响较大。

（2）在以工业废水为被解释变量的模型中，核心解释变量地方政企合谋的系数估计值在东部地区和中部地区均在 1%的水平下显著为正，说明地方政企合谋加大了东部和中部地区工业废水的排放量，而在西部地区系数估计值为正但并未通过显著性检验。

2）模型中财政分权、人均收入、人均收入二次方、产业结构和外资进入对两个污染指标的影响呈现区域性差异

（1）财政分权对环境污染的影响。从对工业二氧化硫的回归结果看，中部地区财政分权系数估计值显著为正，西部显著为负，即财政分权程度提高加大了中部地区工业二氧化硫的排放量，降低了西部地区的排放量。东部地区财政分权系数估计值为正但不显著，而财政分权与地方政企合谋的交互项显著为正，即财政分权有助于加大东部地区地方政企合谋的力度，进而提高工业二氧化硫的排放量。财政分权对工业废水的影响方面，东中西部系数估计值均为负，且东部和中部通过显著性检验，说明财政分权减少了工业废水的排放量。

（2）环境库兹涅茨曲线理论假说，由人均收入及其二次方系数估计值进行检验。无论是工业二氧化硫还是工业废水，东部地区均通过了 EKC 理论假说检验，人均收入与污染物呈现倒 U 形曲线特征，而中部地区和西部地区都显示人均收入与环境污染之间呈现 U 形曲线特征。

（3）产业结构在全国区域和东中西部三个地区表现出惊人的一致性，均在 1%的水平下显著为正，说明第二产业增加值的提高加大了工业二氧化硫和工业废水的排放量。

（4）“污染避难所假说”检验。工业二氧化硫模型中，虽然全国数据回归系数估计值显著为正，但东部和中部地区显著为负，只有西部地区显著为正，也就是说西部地区外资进入加大了全国工业二氧化硫的排放量，而东部地区和

中部地区外资的进入减少了工业二氧化硫的排放量，改善了环境质量。工业废水模型中，全国数据回归系数估计值显著为负，也就是说外资进入降低了工业废水的排放量，但只有东部地区呈现此特点，中部和西部地区外资进入都加大了工业废水的排放量。“污染避难所假说”在中国西部地区全部通过检验，中部只有工业废水通过检验，东部全部没有通过检验。这说明中国东部地区引进的外资企业已不是往日的高污染型企业，而更多的是技术先进型、轻度污染型企业，这与该地区经济发展水平高、产业结构优化、公众对环境质量需求高等因素有关，而中西部地区由于资源禀赋和劳动力素质等条件约束，引进的多是高污染型企业。

第 7 章　研究结论、政策建议及研究展望

7.1　研究结论

本节概述了地方政企合谋的含义、基本框架及相关的制度背景，在此基础上，基于影响地方政企合谋的动力机制，提出了地方政企合谋影响环境污染的作用机理，并构建统一的“委托人—监督者—代理人”（P—S—A）博弈理论模型，揭示了地方政企合谋与环境污染之间的内在逻辑性，从理论分析、实证检验、区域性差异分析等方面，深入分析地方政企合谋对环境污染的影响，并得出研究结论。

7.1.1　地方政企合谋影响环境污染理论分析的研究结论

第 4 章对地方政企合谋与环境污染之间进行了理论分析，主要分析地方政企合谋影响环境污染的作用机理，并基于“委托人—监督者—代理人”（P—S—A）框架构建了地方政企合谋影响环境污染的理论模型，对作用机理进行了论证。本章通过理论模型分析地方政企合谋与环境污染的内在逻辑性，得出以下三个方面的结论。

1）地方政企合谋影响环境污染的作用机理

本书认为地方政府参与合谋的动力因素包括财政收益、晋升激励和租金收益，动力因素能够助推地方政企合谋，进而加大环境污染物的排放量。地方政企合谋对环境污染产生直接影响和间接影响，地方政府降低环境规制，直接加大了排污企业的污染物排放量，而辖区内环境规制降低，又吸引新的排污企业进入，间接加大了工业污染物的排放量。一般而言，财政分权程度越高、晋升激励越大、租金收益越大，地方政府与企业合谋动力越强，污染程度就会越严重。地方政府与排污企业合谋，能够提高财政收益和租金收益，也能通过提高政绩获得更多的晋升机会，但由于会带来更大的污染，对官员的晋升也会带来

不利的影响。

2）地方政企合谋影响环境污染的作用机理可以通过构建地方政企合谋影响环境污染的P—S—A理论模型进行论证

分析中央政府、地方政府和排污企业的博弈行为，采用逆向归纳法可以求解博弈模型。通过分析，得出与作用机理一样的结论，即地方政企合谋加大了环境污染，在财政分权、晋升激励和租金收益的助推下，地方政企合谋程度加大了，使得环境污染进一步恶化。具体来说，地方政府从中央政府分成的比例越高，经济产出对地方官员晋升的正效用越大，环境污染对地方官员晋升的负效用越小，地方政府从租金分成的比例越高，地方政府选择与排污企业合谋的动机就越强。

通过对理论模型进行扩展性讨论，得出地区产业结构、中央政府惩罚、垂直管理、任期限制等因素能够影响环境污染中的地方政企合谋行为，这些方面的因素也使得合谋行为缺乏应有的约束，进而使得环境治理难见成效。

7.1.2 地方政企合谋影响环境污染实证检验的研究结论

7.1.2.1 面板数据模型分析的研究结论

第5章基于地方政企合谋影响环境污染的理论分析，进一步进行理论阐述并提出理论假说，以工业二氧化硫和工业废水等主要污染物作为被解释变量，建立了计量经济学模型，利用1997—2014年中国30个省份的面板数据，对地方政企合谋与环境污染的内在逻辑性进行了实证检验，得出了如下结论。

1）地方政企合谋与环境污染呈现显著的正相关关系，地方政企合谋加大了工业二氧化硫和工业废水的排放量

在控制经济发展水平、产业结构、外资进入等变量的情况下，地方政企合谋程度每提高1%，工业二氧化硫和工业废水增加的比例分别为0.0287%和0.0244%，说明在GDP主导的政绩考核下，由本地晋升的官员更有动力与排污企业合谋，发展经济的同时却降低了对环境保护的力度。

2）财政分权助推地方政企合谋，进一步加大了环境污染物的排放量

地方政府选择与排污企业合谋的动机之一是增加地方政府的财政收益，通过引入财政分权与地方政企合谋的交互项研究发现，交互项增加了工业二氧化硫和工业废水的排放量。这表明，财政分权程度的提高，使地方政府能够获得更多的财政收益，更有动力与排污企业合谋，放松环境规制，导致污染物排放量增加。

3）晋升激励影响地方政企合谋，进而影响环境污染水平

地方政府（官员）与排污企业合谋的另一个动机是晋升机会。为了获得更多的晋升机会，地方官员在任期的不同阶段选择周期性合谋，进而影响环境污染水平。研究发现，地方官员任期与工业二氧化硫之间呈现明显的倒 U 形曲线特征。这表明，官员任期影响官员合谋行为，为了获得更多的晋升机会，地方官员先是设法获得更大的经济绩效，增加晋升机会而放松环境规制，从而加大了工业二氧化硫的排放量；而随着任期的即将结束，他们又会积极响应中央政府的号召，加强环境规制，使工业二氧化硫排放量减少。

4）对环境污染经典假说的验证及对产业结构的影响

人均收入与工业二氧化硫及工业废水呈现明显的倒 U 形曲线特征，符合环境库兹涅茨曲线假说检验。外资进入与环境污染之间呈现明显的负相关关系，即外资进入没有恶化反而改善了环境，“污染避难所假说”没有通过验证。在产业结构方面表现出明显的正向作用，在 1%的水平下显著，说明第二产业增加值越高，环境污染越严重。我国还处于粗放型发展模式，当前产业结构优化是改善环境的重要举措。

7.1.2.2　分位数回归分析的研究结论

为了更精确地描述地方政企合谋对环境污染的变化范围、条件分布形状的影响情况，控制个体的异质性，在条件分布不同分位点即不同的污染水平下实证分析地方政企合谋对环境污染产生的影响。本书采用了分位数回归的方法，得出的结论与普通面板数据回归的结论基本一致，而在不同程度的环境污染条件下，地方政企合谋对环境污染的影响又存在一定的差异，这对于因变量条件均值的技术缺陷是一种很好的弥补。

不同分位数水平下地方政企合谋均增加了工业废水的排放量，但对工业二氧化硫的影响存在较大的差异。地方政企合谋对中低污染水平下的工业二氧化硫影响系数估计值显著为正，且远大于最小二乘回归系数估计值，而高分位数水平下系数估计值为负。这表明，在工业二氧化硫处于中轻度污染水平时，由于该污染物易于扩散到相邻区域，地方政府易于与排污企业合谋，增加工业二氧化硫的排放量。可能的解释是，工业二氧化硫相对于工业废水而言更具流动性，容易转移到其他区域，在中低污染水平时地方政府与排污企业合谋不用顾忌对本地的影响。而二氧化硫是国家规定减排的四种主要污染物之一，中央政府对工业二氧化硫污染较为严重的区域监督力度较大，为了规避风险，获得更多的晋升机会，地方政府与排污企业合谋减弱，反而抑制了工业二氧化硫的排放。环境污染经典假说验证、产业结构影响与面板数据分析一致。

7.1.3 地方政企合谋影响环境污染区域性差异分析的研究结论

本书第6章指出在东中西部三大区域，地方政企合谋对工业二氧化硫和工业废水排放量的影响存在区域性差异。我国不同的区域由于区位差异，自然资源禀赋、人力资本质量相差较大，各地区经济发展情况不同伴随着产业结构特点的差异，同时公众对好的环境需求差别较大，地方政府行为表现出较大的差异，地方政企合谋对环境污染的影响也表现出区域性差异。通过构建计量经济模型进行实证分析，具体结论如下：地方政企合谋对工业二氧化硫和工业废水的排放量影响系数估计值均为正数，但存在区域性差异，地方政企合谋对中部地区影响最大，东部地区次之，西部地区最不明显。这表明，东部地区经济基础很好、产业结构优化，公众对好的环境质量需求较高且参与性较强，地方政府更加关注生态环境，谋求更高质量的经济增长，地方政企合谋行为逐步弱化，对环境污染的影响变小。西部地区经济较为落后，地方政府为了谋求经济发展，不通过与排污企业合谋，直接降低环境规制水平，环境污染受地方政企合谋影响很小。而中部地区经济基础较好，产业结构正处于转型升级阶段，不具有东部好的产业结构，也没有西部较低的环境规制水平，地方政府与排污企业合谋动机较强，对环境污染的影响较大。环境库兹涅茨曲线理论假说只在东部地区通过检验，“污染避难所假说”只在西部地区通过检验。

7.1.4 本书的主要结论和制度性原因分析

综合以上理论分析、实证检验和区域性差异分析三个方面的研究，现提出本书的主要结论，并探究其形成的制度性根源，为下一步提出有效的政策建议提供参考。

7.1.4.1 本书的主要结论

1）地方政企合谋加大了区域的环境污染，且随着财政分权程度的提高，地方政企合谋对环境的影响更大

地方政企合谋是区域环境恶化的重要原因，经济分权导致地方政府扮演着“理性经济人”的角色，地方政府偏离公共利益，追求自身利益最大化。

2）地方政企合谋对地方官员的晋升激励是一把“双刃剑”，地方官员在任期内选择与排污企业周期性合谋以谋求更多的晋升机会

地方政企合谋可以增加经济绩效，对晋升激励带来正向作用，伴随的环境污染对晋升激励带来负向作用。任期与环境污染之间存在的倒U形曲线特征表明，地方官员为了获得更多的晋升机会，选择与排污企业周期性合谋，在任

期的前期和中期，合谋不断增强，而在任期后期，合谋不断减弱，污染物排放量随着任期年份的增长先增加后减少。

3）地方政企合谋对环境污染带来直接影响和间接影响

地方政企合谋使得地方政府放松环境规制，辖区内参与合谋的排污企业扩大产出水平，直接加大了污染物排放量。同时，地方政企合谋导致地区环境规制水平降低，新的排污企业进入辖区内，使得辖区内第二产业增加值变大，间接加大了污染物排放量。

4）不同分位数水平下地方政企合谋均增加了工业废水的排放量，但对工业二氧化硫的影响存在较大的差异

地方政企合谋对中低污染水平下的工业二氧化硫影响系数估计值显著为正，且远大于最小二乘回归系数估计值，而高分位数水平下系数估计值为负。中轻度污染水平下工业二氧化硫易于扩散到相邻区域，地方政府不需要顾忌对本地的影响。然而二氧化硫是国家规定减排的主要污染物之一，中央政府监督力度较大，高污染水平下工业二氧化硫的排放对地方官员晋升的负面影响很大，地方政企合谋减弱，减少了工业二氧化硫的排放。

5）地方政企合谋对环境污染的影响存在区域性差异，中部地区影响最大，东部次之，西部最不明显

东部地区经济基础很好、产业结构合理，公众对好的环境质量需求较高且参与性较强，地方政府更加关注生态环境，谋求更高质量的经济增长，地方政企合谋行为逐步弱化，对环境污染的影响变小；西部地区经济相对落后，地方政府为了谋求经济发展，不通过与排污企业合谋，直接降低环境规制水平，环境污染受地方政企合谋影响很小；而中部地区经济基础较好、产业结构正处于转型升级阶段，不具有东部地区好的产业结构，也没有西部较低的环境规制水平，地方政府与排污企业合谋动机较强，对环境污染的影响较大。

7.1.4.2　制度性原因分析

地方政府参与合谋的动力因素包括晋升机会、财政收益和租金收益。本书认为，地方政府财权与事权不统一、地方官员政绩考核制度不完善以及对地方政府的监督体制不健全是地方政企合谋影响环境污染的制度性原因。

1）地方政府财权与事权不统一，地方政府面临较大的财政压力

地方政府与排污企业合谋的另一个动机是获取更高的财政收益，以应对当前地方政府事权与财权不统一的状况。财政收入一般用于地方政府履行职责，提供生产性公共产品、基本公共服务等，在环境治理上需要提供环境保护专项资金。1994 年分税制改革以来，中央政府的分成比例提高，集中了更多的财

政收入。地方政府财力降低，虽然有中央政府的转移支付，但由于不规范、不透明，地方政府的财力依然匮乏，因此获取财政收入是地方政府与排污企业合谋的一个很重要的动力。随着经济与社会的发展，人民群众的需求不断提高，地方政府基本公共服务的内容越来越丰富，需要更多的财政资金作为保障。这就出现了地方政府财权与事权之间的矛盾，财政收入不能很好地满足公共服务的需求。具体表现在以下两个方面：一是中央集中了较多的财政收入，但在财政支出上，中央政府与地方政府之间的划分没有出现大的变化，地方政府财力紧张，虽然有转移支付，但地方政府压力依然较大。二是省级以下财政体制没有做出明确的规定，省级政府向上集中财力的情况较多，而责任部分层层下压，使得县级以及乡镇政府的事权大于财权。因此，地方政府尤其是县乡级政府出现事权过多、财力不够，财政收支不平衡，于是有动力与排污企业合谋，推动经济增长，增加财政收入。

2）地方官员政绩考核制度不完善，隐形“GDP 考核”仍然存在

改革开放 40 年来，国家确定了以经济建设为中心的发展战略，地方官员政绩考核制度注重 GDP 增长，促成晋升锦标赛的形成。地方官员为了获取更多的晋升机会，努力提高经济绩效，不惜与排污企业合谋，放松环境规制，给环境带来危害。随着经济与社会的发展加快，中央与地方呈现多任务委托代理关系，特别是科学发展观的提出，“唯 GDP 论”政绩考核的弊端日益突出，需要用更全面的指标考核地方官员的政绩。习近平总书记提出“不以 GDP 论英雄”的观点，成为地方官员政绩考核的重要指导思想和考核指标设计的依据。2013 年，中央组织部发出的《关于改进地方党政领导班子和领导干部政绩考核工作的通知》，改变以往以经济增长速度来考核地方官员政绩的偏向，新的《党政领导干部选拔任用工作条例》增加了约束性考核指标，加大了对资源消耗、环境保护和消化产能过剩等指标的权重。各地对中央政府的决定作出了一系列调整，经济发达地区降低了经济类指标的比重，甚至取消了“GDP 增长率”“财政收入”等政绩考核指标，仅保留“固定资产投资”“一般预算收入”等经济指标，这些指标与 GDP 是密切相关的，是对 GDP 的一种隐形的考核方式。而在经济欠发达地区，经济类指标在考核目标体系中的比重依然较大。我国新的政绩考核涵盖的内容包括经济、政治、社会、生态文明建设等方面，但并未发挥实质性作用，因为政治、文化等内容不同于经济类指标，难以用数据来说明问题，评价存在一定的主观性，很难做到科学、客观和规范，中央也没有确定一套统一的标准，使得实际的操作非常困难。因此，在我国地方官员政绩考核处于转型期的今天，不能“唯 GDP”，但也不能忽视 GDP 增长，GDP

相对隐形政绩而言更具体、更有说服力，GDP 在科学发展观指导下仍然是一个重要的硬指标，因为科学发展观的核心是“发展”，没有经济增长就无法解决财政收入和就业问题。地方政府没有动力退出合谋的另一个原因来源于压力型考核体制，地方官员的任命多是由上级完成的，上级官员往往将任务与指标层层分解，责令下级官员限期完成。下级官员最好的做法是抓好上级官员重视的硬指标，而不去考虑经济与社会整体目标，往往为实现部分目标而牺牲地方的整体发展，以争取更多的晋升机会。当前，地方官员政绩考核制度正处于转型期，考核制度并不完善，GDP 隐形激励仍然存在，地方政府不易退出合谋机制，对环境的破坏难以遏制。

3）对地方政府的监督刚性不强，地方政府行为有时偏离公共利益轨道

目前，对地方政府行为的监督主要来自上级政府和同级机构（人大或政协），来自公众和媒体的监督也是重要的补充。现实中，公众和媒体的监督力度并不大，缺乏刚性。由于信息不对称，中央政府对地方政企合谋的监督存在困难，主要采取事后惩罚的办法，即出现环境污染事故后对地方政府和涉事企业予以惩罚。在环境污染事故出现之前，监督环节也非常重要。这一监督的主体是人大、政协、媒体或者公众，由于地方媒体揭露环境污染事故受到地方政府的限制，人大、政协、国家媒体和地方公众可能是最主要的监督主体。人大、政协的监督作用需要进一步加强，国家媒体的监督作用并未很好地发挥，公众比较分散，监督能力较弱。因此，现有的监督体制并不健全，导致地方政府的行为缺乏有效的监督，使得地方政企合谋容易形成“利益链”，这是另一个制度性原因。

4）跨区域环境治理尚处于起步阶段

2016 年，环保部部长认为跨区域环境管理存在三个方面的问题：一是环保问题按照行政区进行分割管理，跨区域和流域的环境污染问题没有统一的指挥，每个行政区的发展阶段各有差异，利益诉求也不同，环保做法很难统一；二是中央政府协调各省区，需要中央其他部门配合，环保部没有足够的权威；三是跨区域和流域的环境污染治理协调机制松散，协作效率不高，各方利益难以达成一致，实施起来难度较大。中央出台的《生态文明体制改革总体方案》，提出要做好跨区域大气污染防治的联防联控协作，在突出的地区优先进行创新试点，并提出五个统一，即统一规划、统一标准、统一环评、统一监测、统一执法等。2017 年，基于京津冀地区大气污染非常严重，与经济发展水平不匹配的现状，中央对该地区开展跨地区环保试点，主要是改善大气环境问题，做好联防联控、协作完成，做到五个统一。建立跨区域环境治理，源于水和大气

具有较强的流动性，污染存在于区域或者流域，这样的分布与实际行政区并不一致。而各地区经济发展水平不一致，利益诉求也有较大差异，各行政区对环境治理的政策标准、执法尺度和具体做法不一样，有些存在较强的地方保护主义，做好跨区域环境治理势在必行。

7.2 政策建议

地方政企合谋是区域环境恶化的重要原因。因此，政策建议的核心是如何破解地方政企合谋。根据主要结论和制度性原因分析，本书从弱化动力机制、培育第四方监督、加强跨区域环境治理和推行差异化经济政策等方面，为破解地方政企合谋提出了相应的政策建议。

7.2.1 优化顶层设计，弱化地方政企合谋的动力机制

本书基于影响地方政企合谋的动力机制，分析地方政企合谋对环境污染的影响，破解机制的重点是动力机制。动力机制中的因素包括财政收益、晋升激励和租金收益，总体来说就是经济利益和政治利益两个部分。地方政府获取经济利益是为了担负起相应的责任，当前利益格局下地方财权与事权并不统一，地方政府支出压力较大，需要调整利益结构。地方政府获取政治利益，即获取更多的晋升机会，方式是与排污企业合谋，增加地区的经济绩效。当前地方官员政绩考核正处于转型期，改变了以往膜拜的“唯GDP论”，在科学发展观指导下设置了更多的综合指标，但现实中操作性不强，隐形“GDP考核”仍然存在。中央政府需要做好顶层设计，增加地方政府的财力，改变晋升与经济绩效挂钩的模式，使地方政府回归公共利益本位。

7.2.1.1 调整利益结构，确保地方财权与事权相统一，减弱财政分权的助推力

本书第一个主要结论是财政分权助推地方政企合谋，加大了区域环境污染。地方政府在财政分权的制度安排下，与排污企业合谋，增加经济产出，通过与中央政府分成，获得更多的财政收益。现实中，地方政府获取更多财政收益的目的是扮演好公共服务型政府的角色，地方官员在职消费被党的八项规定所约束。随着中央政府将责任逐步下移，地方政府需要承担更多的责任。在制度性根源中提到，目前我国地方政府出现财权与事权不统一，地方政府需要通过与排污企业合谋，不断提高自身的财力，为履行好自身的义务提供物质基础。从一定程度上说，地方政企合谋行为是我国地方财权与事权不统一导致的

结果，也是造成环境难以治理、持续恶化的重要原因。要改善环境治理效率，需要从行政管理体制改革上提出相应的举措，调整中央与地方的利益结构，列出中央与地方权力清单，确保地方事权与财权相统一，改变地方政府的目标函数，使得地方政府从“掠夺之手”转变为“援助之手”，退出合谋，真正回归公共服务本位。基于此类情况，中央政府应做好以下四个方面的政策调整。

1）重新划分事权，调整利益结构，做到地方政府财权与事权相统一

由于地方政府支出占财政总收入的 80%以上，虽然有中央政府的转移支付，依然不能满足地方财政的需求。地方财权与事权不统一使得地方政府采取各种方法获取财政收入，其中就包括放松环境规制，以牺牲环境为代价换取财政收入。除此之外，还有出让土地、过度征税、乱收费等。中央政府获得了较大比例的收入，会通过转移支付制度弥补地方财政缺口，但现有财政转移支付制度并不规范、透明，效率也不高，存在很多地方政府“跑步前进”的现象，不能解决地方财政支出困难的问题。因此，应该理顺中央和地方的事权与财权关系，重新确定中央和地方的事权范围，明确中央政府的事权、中央与地方政府共同承担的事权和地方政府的事权。中央和地方各自的职责确定以后，纳入法律体系，通过立法的方式保障事权的划分和责任，由事权主体去履行，“跑步前进”现象自然就会大大减少。

以事权为依据，确定地方的财权，调整中央政府与地方政府的财权，明确了中央和地方的事权责任，可以确定各级政府的财政支出范围，确保地方政府事权与财权的统一，调整中央与地方的税收收入范围。具体来说，中央政府扮演着统筹决策的角色，主要征收累进税或者宏观调控作用的税收，地方政府征收地方特色税收，征收主体与受益的范围联系在一起，一般由本地民众受益的以及与公共服务相关的税收由地方政府征收。确定税收归属后，还要给予地方政府有关税率的调整权或者减免税收的权力。鉴于地方政府事权与财权失衡，应该设法培养归属地方政府的新税种，比如财产税，由于财产不可移动，地方政府提供公共服务时增加了成本，可以以此征收财产税，为地方政府提供源源不断的税收。除此之外，还可以考虑赠与税、遗产税等新税种。

2）将环保支出纳入公共预算体系，保证地方政府环保治理经费的支出

环保支出是地方公共财政支出的重要组成部分，通过财政支持，主动进行环境保护，减少资源高消耗。具体做法包括：①中央政府要求地方政府将环保支出纳入公共预算体系，强化地方政府的环境保护职能。这一做法可以规范地方政府在环境治理中的支出行为，通过细化环境保护支出的具体内容，确保环保工作落实到位，具体内容包括环保宣传、环境信息收集、环保数据监测以及

环保科学研究等。②中央政府要求地方政府增加环保支出占GDP的比重，提高环境治理的效率。地方政府往往将有限的财政资源投入产生经济效益的项目中，而不是投入环境保护上，现实中环境保护等生产性公共产品供应不足。中央政府按照2015年新的《中华人民共和国环境保护法》的规定，要求地方政府将环保支出规范化，使得环保支出占GDP的比例趋于合理，避免环境保护支出不断降低的局面出现。

3）完善中央政府实行的转移支付制度，做好生态环境补偿

中央政府可以通过转移支付，将部分属于中央政府的事权委托给地方政府完成。由于存在信息不对称，可能出现转移支付结构优化、道德风险和逆向选择等问题。中央政府通过转移支付手段可以使地方财力实现均等化，当前主要的政策导向是优化结构。具体方法是，扩大一般性转移支付，加大落后地区转移支付，实现公共服务均等化；通过降低或者废除税收返还制度，打破地方政府的既得利益；根据中央与地方的事权划分，做好专项转移支付，确保地方政府事权与财权统一。在出现道德风险或者逆向选择时，中央政府要有清晰的目标，规范转移支付的规模和分配，尤其是加强转移支付的使用管理。需要有专门机构计算地方政府事权与财权的缺口，计算中考虑地方政府的使用绩效，并对地方政府使用的好坏确定奖惩制度，提高转移支付资金的使用效率。

做好环境保护有利于稳固中央政府的执政地位，有利于树立地方政府的形象，对地方官员晋升也能带来利好作用，中央政府和地方政府都应该为此付出努力。因此，环境保护是中央政府与地方政府的共同责任，中央政府必须通过转移支付来激励地方政府提供这项公共产品。如果没有这项转移支付，地方政府可能会放松环境规制，进一步加大环境污染。因此，需要加强环境保护领域的转移支付，对于环境保护有成效的地区给予相应的生态补偿。具体做法有以下三个方面。

（1）提高环境保护专项转移支付的比例。

国家加强了对环境污染治理的经费，环保投资GDP占比从2000年的1.12%增加到2010年的1.95%，但与发达国家以及实际需要相比依然较低。如果要控制环境污染，改善环境质量，环保投入应力争达到GDP的3%，工业污染控制投资占固定资产投资比重达到5%～7%。中央政府为地方环境保护提供转移支付，使得地方政府的环境治理经费得到保障，也避免了地方政府因为缺乏资金支持而通过放松环境规制筹集资金。

（2）结合环境污染的具体因素，使转移支付标准更加科学合理。

当前转移支付的计算标准一般按照地方政府财政的缺口，最终确定要取决

于中央政府与地方政府的博弈。这样的计算标准有着较大的缺陷，不可能做到财政转移支付的精确，也就无法实现支付的高效率。要提高转移支付的精确度，应该考虑地方财政收支情况、经济发展水平、生态环境状况以及主体功能区定位等方面。综合考虑以上因素，确保财政转移支付更为精准，能更好地利用有限的资金做好环境治理，实现区域经济与环境协调发展。

（3）通过横向财政转移，加强生态补偿。

生态补偿是指用行政和市场的手段协调相关利益主体，做好区域间的环境保护，让那些生态服务价值高和发展机会成本高的地区做好环境保护而不是加快工业发展速度。经济学实现环境污染外部成本内部化的方法是谁污染谁付费或者谁受益谁付费。我国各个地区经济发展水平不同，为了获得更多的财政收益和晋升机会，各地区都不愿意主动保护环境，因为保护环境给其他地区带来正效应且不能得到相应的补偿。基于此，通过区域间横向财政转移，建立补偿制度，有利于改变现有的生态环境保护无效率的状况。对于那些不适合工业化的生态脆弱地区应加强生态环境保护，更好地按照国家主体功能区划战略来建设。

4）促进人大监督和公众监督相结合，规范地方财政预算

地方政府增加了财政收入，但怎样使用也是一个重要问题。财政收入增加了，如果规范预算都由人大监督和公众监督，那么增加财政收入的动力就有所下降，缺乏监督的情况下财政支出就无法进行约束，导致“三公”消费大量增加。在 2015 年新的《中华人民共和国预算法》出台以前，地方政府还有预算外收入，这部分收入不受中央政府的监督，使用并不透明，地方官员可能将预算外收入的一部分用于“三公”消费支出，这是地方政府与企业合谋获取财政收入的又一个动力。

7.2.1.2　完善地方官员考核制度，减弱晋升激励的推动力

研究得出，晋升激励能够推动地方政企合谋，是源于经济绩效的考核机制。目前，我国对地方官员的政绩考核正处于转型期，“唯 GDP 论”即将退出历史舞台，新的政绩考核制度并未真正建立，隐形“GDP 考核”依然存在。针对这一情况，需要做好顶层设计，同时加强自下而上的考核作为辅助。

1）实行差异性政绩考核制度，使地方官员树立正确的政绩观

地方官员考核是世界性难题，长期以来“唯 GDP 论”发挥了重要的历史作用。现在需要更加综合性的指标来考核地方官员的政绩，涵盖的内容涉及政治、经济、文化等方面，同时增加资源消耗、环境保护和消化产能过剩等指标的权重。考虑到涉及的考核指标过于宽泛，最好的办法是实行差异化考核，使

地方官员树立正确的政绩观。改变过去一刀切的老办法，不同地区的资源禀赋不同，对不同岗位的官员，考核体系应该呈现差异性。根据不同地区的主体功能定位不同，设定不同的考核标准，落实中央提出的在限制开发区域和生态脆弱的国家扶贫开发工作重点县取消地区生产总值考核。虽然本书研究的是省一级的地方政府，但是实际上可以扩展到各级地方政府。对于主体功能区划分，如厦门市根据自然禀赋、经济结构和资源承载能力的不同，将各区县划分为优化提升区、重点发展区、协调发展区和生态保护控制区四类，这四类功能区具有共同的指标，如经济总量、财政收入、招商引资、就业等方面，不同的指标有经济结构、民生建设、生态保护和发展动力等。差异化考核可以满足基本目标的实现，每个区县有不同的工作重点，每个区域都能发挥自身优势，推动地方经济与社会总体发展。中央政府对省一级政府的政绩考核也可以推行差异化考核制度，各省的经济类指标的权重不一样，就不会出现地区 GDP 恶性竞争，推动全国范围内经济的高质量增长。

2）将地方公众的评价作为政绩考核的依据，使地方政府顺应民意

政绩考核中往往强调“自上而下”，用某些客观指标对地方官员进行政绩考核，而忽略地方公众对官员的评价。现有政府正在向服务型政府转变，公众的评价对于地方政府工作绩效也是很好的参考，公众满意就会对政府给予政治支持，这是中央政府的目标。在地方官员政绩考核中加入公众评价这一内容，能使得政绩考核更加全面、真实，也有助于地方官员与公众和谐关系的建立。将公众评价纳入地方官员政绩考核中，可以从以下两个方面着手。

（1）提供地方官员施政信息，为全面考核官员提供应有的基础。

利用网络等宣传手段收集地方官员政绩的相关信息，加工后公布给公众。应该使公众了解这些信息的成本降低。这就要求地方政府发挥互联网的作用，及时向网络平台公布办公情况，为地方官员政绩考核提供基础素材，公众获取信息也就降低了成本。

（2）用法律保障公众参与地方官员政绩考核。

如果没有法律保障，公众参与地方官员政绩考核的效果就会大打折扣，要么就是地方官员政绩考核具体信息不能被公众所获取，要么就是公众一旦对地方官员给予负面评价就可能被官员报复，导致公众参与地方官员政绩考核的积极性大大减弱，流于形式，不能产生实质性的推动作用。公众参与代表着更广泛的民主，保护公众参与地方官员政绩考核需要相应的法律作支撑。

3）将政绩考核中地方官员的角色定位为经济活动的管理者而不是参与者

地方政府应该是经济活动的管理者，工作重点是培育市场、提供生产性公

共产品、保护生态环境等，参与市场过多不利于解决环境污染问题。党的十八大提出发挥市场的决定性作用，就是希望地方政府不要过度参与市场，简政放权，将属于市场的权利让渡出来，实现地方政府向服务型政府转型。因此，无论是中央政府还是公众，在考核地方官员政绩时，要把地方官员作为经济活动的管理者，而不是参与者。

7.2.2　培育第四方监督，加强地方政企合谋行为的软约束

第四方监督是指中央政府、地方政府和排污企业之外的媒体或者公众。在理论分析部分曾讨论到，由于信息不对称，中央政府对地方政企合谋一般采取事后惩罚，即出现环境污染事故后对地方官员和涉事企业予以惩罚。在环境污染事故出现之前，监督环节也非常重要。这一监督的主体是媒体或者公众，由于地方媒体揭露环境污染事故受到地方政府的限制，国家媒体和地方公众可能是最主要的监督主体。中央政府可以对国家媒体投入成本进行培育，发挥其揭露环境污染事故的功效。本节主要谈及公众的监督，公众虽然人数众多，但较为分散，需要建立呼吁机制，依靠非政府组织的力量，带领公众参与监督，地方政府与排污企业合谋行为会因此受到软约束。

1）构建居民退出机制，居民“用脚投票”间接减弱地方政企合谋

我国采用户籍管理制度，限制了人口的自由流动，公众难以通过退出机制表达对户籍地区政府的态度。如果不限制户籍，公众对当地政府公共服务不满意，可以退出该地区，选择到公共服务更好的地区生活。霍晓英（2007）[216]认为，居民行使“用脚投票”的权利有助于提高当地的公共服务水平。居民“用脚投票”能够使地方政府迎合居民的偏好，但前提是改变现有的户籍制度，允许人口一定程度的自由流动。如果人口可以流动，那么地方政府为了地区发展的需要，会综合考虑居民的偏好，改变与排污企业合谋的行为，提供更好的生态环境，留住人才，获得中央政府更多的转移支付。近年来，一些城市建设全国最佳人居城市，转变了地方政府的目标函数，将生态环境考虑了进来，这必将减弱地方政府与排污企业合谋。总之，适当改变户籍制度，构建居民退出机制，居民行使“用脚投票”的权利，将有助于减弱地方政府与排污企业合谋。

2）建立公民呼吁机制，加强公众与地方政府的直接沟通

赫希曼（2001）[143]认为，居民退出机制或者“用脚投票”能间接表达对地方公共服务的满意程度，给地方政府与排污企业合谋施加较大的压力，而公民呼吁机制的建立可以直接表达对政府公共服务的满意程度。我国目前的环境

污染政策与公众的联系较少，公众对好的环境质量的需求难以得到满足。一旦出现环境污染事故，公众权益受到损害，也没有渠道去申诉，只有等危害非常大时，公众才会采取极端手段去保护自己，但可能对社会造成非常严重的不良后果。国家要建立公民呼吁机制，让公众表达自身的意愿，在权益受到伤害时表达诉求，最好能够以法律的形式进行保护。呼吁机制的建立加强了公众与地方政府的直接沟通，地方政府的行为会受到监督，与排污企业合谋行为自然就会减弱，日益严峻的污染问题也会慢慢得到解决。在法律保障的基础上，公众可以呼吁地方政府不要为了经济绩效而不顾环境问题，监督地方政府的行为，防止其默许或纵容排污企业违规排放。同时，要求地方政府公开财政开支，公众要对环境保护专项资金的使用情况进行监督，提高环境治理的效率。另外，加强听证会和民调测验等活动的开展，让公众直接与地方官员对话，地方政企合谋现象自然就会减少。

3）依靠环境非政府组织的力量，监督地方政企合谋行为

环境非政府组织是介于政府与市场之间的“第三部门”，以维护公共利益为己任，且不追求利益，是公益性组织，有一定的参政议政能力。西方发达国家环境非政府组织就发挥了很好的作用，可以借鉴他们的相关经验。非政府组织可以监督地方政府的行为，使得地方政府更能代表公共利益，而不是“理性经济人”，认真履行国家环境政策。具体来说，环境非政府组织有着以下两个方面的作用：

（1）采取多种途径宣传环保，吸引更多公众参与进来。

环境非政府组织好像地方政府与公众之间的媒介，一方面可以通过举办环保方面的讲座，提供环保资料或者实地讲解等，加强对公众环保方面的宣传，让更多的公众了解并参与进来，同时向地方政府反映公众的意见，让地方政府的决策不要偏离公众的偏好。

（2）直接监督地方政府的行为，为受害者提供法律援助，向排污企业索取经济赔偿。

环境非政府组织可以监督地方政府的行为，做到客观公正，对于环境污染事故造成的影响给予关注，对于受到伤害的弱势群体给予法律援助，向排污企业索赔，维护环境问题的公平正义。我国一些环境非政府组织已经参与了一些有益的活动，比如保护母亲河活动。我国工业化程度不断提高，地方政府出于财政收益、晋升机会或者租金收益的考虑，有动机与排污企业合谋，带来了较多的环境污染，事故频发，而环境污染的损失主要由一些弱势群体来承受，环境非政府组织可以为其提供法律援助，向排污企业索取经济损失。根据 2015

年新的《中华人民共和国环境保护法》，严重的污染事故发生后，排污企业相关责任人还要受到法律的惩罚，排污企业参与合谋时地方政府这一“保护伞”的作用就弱化了。因此，在环境非政府组织的监督下，地方政府的保护伞作用弱化，排污企业参与合谋就要承担责任，给予受害者经济赔偿，严重时还可能面临法律的严惩。

7.2.3　加强跨区域环境治理，追究地方政府的责任，减少合谋行为

由分位数回归分析得出，在中低污染水平下，地方政企合谋增加了工业二氧化硫的排放量，且远大于最小二乘回归的系数估计值。可能的原因是，工业二氧化硫易于扩散到相邻区域，加上地方官员流动性强，当地政府不需要独自承担工业二氧化硫排放带来的责任。工业废水也存在一定的流动性，载体主要是河流，但不如工业废气扩散性强。解决这类问题的关键是加强跨区域环境治理，让当地政府对环境污染事故承担责任，增加治理污染财政支出的同时也减少晋升机会，此时，地方政府势必减少与排污企业的合谋。现实中，地方政府间跨区域合作的意识不强，要解决跨区域环境污染问题，必须推进制度创新，追究地方政府的责任，减少合谋行为的发生。要做好跨区域环境治理，监督地方政府行为，使地方政府回归公共服务的本位。目前，仅仅京津冀地区推行了跨区域环境治理试点，以改善大气问题，全国跨区域和流域环境治理尚处于起步阶段，需要通过以下三个方面的途径加快跨区域和流域环境治理工作的开展。

1）完善法制体系，促进地方政府间合作

法律具有强制力，交易成本最低，因此是解决问题时首要考虑的因素。地方政府跨区域合作需要从组织法和行政法两个方面来完善合作方面的法律，对地方保护主义予以打击，同时规定地方政府的权限。如果地方政府间出现环境治理方面的经济纠纷，要通过司法救济来处理。在宪法和新的环境保护法的基础上，建立跨区域环境治理法律体系。

2）推进合作行政，提高环境治理效率

（1）建立健全组织机构。

目前，组织机构主要是跨区域污染管理委员会，其经费由参与的地方政府负责。通过法规确定其职能后，可以在各个行政区建立分区机构，做到跨区域污染管理委员会的垂直管理和各区域的协调管理，提高管理的效率。

（2）加强组织内部协调管理。

由分区机构及时通报各行政区的相关信息，做好预防，节约治理成本。对于突发事件做好应急预案，形成联动效应。健全生态补偿机制，每个行政区根

据实际污染情况承担各自的责任，如果地方政府与排污企业合谋，通过收取高额的排污费任其排放，通过生态补偿承担责任，必将形成恶性循环。因此，跨区域组织要督促各行政区加强对重大污染源进行在线监控，逐步实现对工业污染源的全覆盖。

3）将跨区域环保工作纳入地方政府考核指标，转变地方政府职能

上级政府推行跨区域环境治理，需要各行政区认真对待环保工作，明确目标和任务，相关情况计入政绩考核，这有助于监督地方政府完成各项任务。对不能完成任务的行政区，给予区域限批或者追究责任。跨区域环保工作非常重要，需要依据主体功能区或者水功能区的安排，有条件地解决跨区域环境污染问题。

7.2.4 推行差异化区域经济政策，减少地方政企合谋对环境的破坏

研究发现，我国东中西部地区发展很不平衡，地方政企合谋对环境污染的影响存在区域性差异，中部地区影响最大，东部地区次之，西部地区最不明显。根源在于东部地区经济基础很好、产业结构优化，公众对好的环境需求较高且参与性强，环境污染对东部地区官员带来的负效用较大，地方政府寻求更高质量的经济增长，地方政企合谋弱化，对环境污染的影响较小。西部地区经济基础相对落后，人均收入水平较低，公众对环境质量需求不高，地方政府为了谋求经济发展，不通过与排污企业合谋，直接降低环境规制水平，环境污染受地方政企合谋影响很小。而中部地区经济基础较好，产业结构正处于转型升级阶段，不具有东部好的产业结构，也没有西部较低的环境规制水平，地方政府与排污企业合谋动机较强，对环境污染的影响较大。根据环保部发布的2016年全国空气质量情况报告，74个城市中空气质量排名前10的城市分别是海口、舟山、惠州、厦门、福州、深圳、丽水、珠海、昆明和台州，空气质量相对较差的前10名城市分别是衡水、石家庄、保定、邢台、邯郸、唐山、郑州、西安、济南和太原①。前10名城市中除昆明来自西部外，其余全部来自东部，后10名城市主要来自河北及其周边地区，按照区位划分即以中部地区为主。这表明，东部地区环境治理取得较好的成效，中部地区污染依然较为严重。基于以上情况，中央应推行如下差异化区域经济政策，减少地方政企合谋对环境的破坏。

---

① 资料来源于环保部官方网站 http://www.mep.gov.cn/xxgk/hjyw/201701/t20170123_395142.shtml.

1）东部地区区域经济政策

（1）降低东部地区财政分权程度，减弱对地方政企合谋的助推力。

研究得出，地方政企合谋对东部地区环境污染并未通过显著性检验，而在财政分权的助推下，加大了工业二氧化硫的排放量。因此，需要进行制度创新，降低地方的分成比例，减弱财政分权对地方政企合谋的助推力。根据东部地区实际发展的需要，增加转移支付。

（2）继续优化产业结构，减少第二产业比重，减少地方政企合谋对环境的影响。

理论和实证部分得出第二产业增加值的提高明显加剧了环境恶化。因此，东部地区的重点是提高第三产业的比重，减少经济增长对于工业企业的依赖程度。地方政企合谋对环境污染的间接影响减小，必将改善东部地区的环境质量。

（3）完善环保法律法规，增加环保和节能减排支出，迎接环境库兹涅茨曲线拐点早日到来。

研究得出，只有东部地区符合环境库兹涅茨倒 U 形曲线特征。这源于东部地区大规模工业化已经完成，产业结构优化，服务业发展较快，同时环境污染得到很好的控制和治理。

（4）加大对外资的引进，推动技术进步，加快产业结构升级，改善环境质量。

研究得出，东部地区没有通过“污染避难所假说”检验，说明外资的选址不是基于某一地区较低的环境规制。外资进入改善了环境质量，说明外资进入对环境带来的技术效应大于规模效应和结构效应，前者是正效应，规模效应和结构效应是负效应。

2）中部地区区域经济政策

研究得出，地方政企合谋直接加大了中部地区污染物的排放量，产业结构水平较低，增加了污染物的排放量。因此，需要调整和优化产业结构，这是中部地区经济政策的重中之重。中部地区主要处于工业化过程中，承接了东部地区的次优级项目，大规模开发、上投资项目、大规模污染特征明显。环境库兹涅茨曲线假说并未通过检验，呈现 U 形曲线特征，说明中部地区人均收入尚未达到该假说的基本条件。除了加强产业结构优化之外，还需要加强其他几个方面：

（1）加强对第四方监督的培养，约束地方政企合谋行为。

地方政企合谋显著增加了中部地区工业二氧化硫和工业废水的排放量，而东部地区仅在工业废水上表现出显著性。到目前为止，除京津冀地区外，东部地区并没有形成跨区域环境治理机构，东部地区靠的是公众参与带来的软约束，东部地区公众参与性增强源于人均收入提高产生了环境质量需求。中部地区经济不如东部地区发达，公众参与性较弱，中央政府需要付出成本加强对媒体和公众的引导和培养。

（2）重点引进技术型外资，减少地方政企合谋对环境的破坏。

研究得出，在中部地区，外资进入减少了工业二氧化硫的排放量，却增加了工业废水的排放量，“污染避难所假说”在中部地区以工业二氧化硫为主要污染物时通过显著性检验。这表明，中部地区吸引外资的动力部分在于较低的环境规制水平。因此，重点引进技术型外资，有助于减少地方政企合谋对环境的破坏。

3）西部地区区域经济政策

西部地区经济发展落后，处于工业化过程中甚至工业化前期，大规模投资和大规模污染不可避免。研究得出，地方政企合谋对西部地区的环境污染影响并不显著，可能的解释是，西部地区地方政府为了发展地方经济，不需要与排污企业合谋，直接降低环境规制水平，环境污染受地方政企合谋的影响较小。因此，西部地区的政策建议与地方政企合谋并不直接相关。研究结果显示，西部地区产业结构依然影响污染物的排放，应加强对西部地区产业结构优化。环境库兹涅茨曲线假说并未通过检验，呈现U形曲线特征，说明西部地区人均收入尚未达到该假说的基本条件。“污染避难所假说”通过检验，说明西部地区较低的环境规制是外资进入的重要条件，这与该地区经济基础落后、融资环境较差、生产性配套设施缺乏、产业集聚度较低有关。

7.3 研究的不足之处

本书以地方政企合谋为视角研究我国环境污染问题，包括理论分析与实证检验。由于一些条件的限制，本书的研究还存在一些不足之处。

实证研究中只从省级层面的数据分析地方政企合谋与环境污染之间的关系。从数据获取来看，现实条件只能获得省级层面的数据，市县级层面的数据尚无法获得。从东中西部三个不同区域分析，地方政企合谋与环境污染之间都存在区域性差异，不同市县可能会有更大的区域性差异，如果仅从省级层面来分析，势必在一定程度上影响研究的科学性。如果有条件（比如调研）获取市县的数据，则可以对地方政企合谋与环境污染的相关性做更加深入的研究。

本书聚焦了地方政企合谋与环境污染的内在逻辑性，在界定地方政企合谋含义的同时提出了其形成的现有制度背景，对地方政企合谋形成的自然和历史因素缺乏考虑。

在分析影响地方政企合谋的动力因素包括财政收益、晋升激励和租金收益时，只侧重于前两个因素，租金收益因难以衡量，在实证分析中并未考虑进来。租金收益是排污企业采用非环保生产方式节约的成本中给予地方政府的分成，包括额外的税收、费用、多雇佣本地人或地方官员的亲戚、企业的控制权甚至给予地方官员的贿赂，还有地方政府在出现重大困难时企业提供的援助等。

7.4　研究展望

本书主要基于影响地方政企合谋的动力机制，从理论和实证两方面研究地方政企合谋与环境污染的内在逻辑性，有一定的成效。然而，要想全面了解两者之间的关系，需要从不同的视角进行研究，另外需要论证地方政企合谋中的微观问题。

在研究地方政企合谋的影响因素时，只考虑了正向作用的动力因素，即财政收益、晋升激励和租金收益，财政分权程度越高、晋升激励越大、租金收益越大，地方政府与企业合谋的可能性就越大，环境污染就越严重。现实中，还有减弱地方政企合谋的因素，比如法制健全、公众参与、官员交流、产业结构优化等，法制环境越好、公众参与性越强、官员交流频率越高、第三产业比重越高，地方政府参与合谋的概率就越低，进而减少环境污染物的排放量。对于法制环境、公众参与和官员交流，已有学者开始研究，但对第三产业比重还没有开始研究，以后要考虑对这一影响地方政企合谋的因素进行理论与实证研究。

理论部分聚焦了地方政企合谋对环境污染的作用机理，限于篇幅，对有些微观层面的问题并未论证。比如，为什么地方政府在合谋中处于主导地位？排污企业为何要与地方政府合谋？国有企业、民营企业和外资企业在参与合谋时有什么区别？地区竞争如何影响地方政企合谋？排污企业之间的竞争如何影响地方政企合谋的建构和瓦解？这些问题值得进一步研究。

参考文献

[1] Alchian, Demsetz. Production, Information Cost, and Economic Organization [J]. American Economic Review, 1972 (62): 777—795.

[2] Jensen, Meckling. Theory of the Firm: Managerial Behavior, Agency Costs, and Ownership Structure [J]. The Journal of Financial Economics, 1976 (3): 305—360.

[3] Fama. Agency Problems and the Theory of the Firm [J]. Journal of Political Economy, 1980, 88 (2): 288—307.

[4] Holmstrom. Moral Hazard in Teams [J]. The Bell Journal of Economics, 1982, 13 (2): 324—340.

[5] Harris, Raviv. Corporate Control Contests and Capital Structure [J]. Financial Economics, 1988 (20): 55—86.

[6] Chamberlin E. Duopoly: Value Where Sellers Are Few [J]. Quarterly Journal of Economics, 1929 (43): 63—100.

[7] Chamberlin E. The Theory of Monopolistic Competition [D]. Cambridge, Mass.: Harvard University, 1933.

[8] Bain J. Barriers to New Competition [D]. Cambridge, Mass.: Harvard University, 1956.

[9] Telser L. Why Should Manufacturers Want Fair Trade [J]. Journal of Law and Economics, 1960 (3): 86—105.

[10] Stigle G. A Theory of Oligopoly [J]. Journal of Political Economy, 1964 (72): 44—61.

[11] Orr D, MacAvory P. Price Strategies to Promote Cartel Stability [J]. Econometrica, 1965 (32): 186—197.

[12] Friedman. Non-cooperative Equilibrium of Super-game [J]. Respective of Journal of Economic Study, 1971 (38): 1—12.

[13] Abreu. Extreme Equilibrium of Oligopolistics Super-game [J]. Journal of Economic Theory, 1986 (39): 191—225.

[14] Rotemberg, Saloner. Collusive Price Leadership [J]. Journal of Industrial

Economics，1990（39）：93－111.

［15］Stigler. A Theory of Delivered Price System［J］. American Economic Review，1968（39）：1144－1159.

［16］Benson. On the Basing Point System［J］. American Economic Review，1990（80）：584－588.

［17］Mathewson F，Winter R. The Law and Economics of Resale Price Maintenance［J］. Review of Industrial Organization，1988（13）：57－84.

［18］Zarkada Fraser A，Skitmore M. Decisions with Moral Content：Collusion［J］. Construction Management and Economics，2000（18）：101－111.

［19］Tirole J. Hierarchies and Bureaucracies：on the Rule of Collusion in Organizations［J］. Journal of Law，Economic and Organization，1986，2（2）：181－214.

［20］Baliga S，Sjostom T. Decentralization and Collusion［J］. Journal of Economics Theory，1998（83）：196－232

［21］Celik G. Mechanism Design with Collusive Supervision［R］. Mimeo，Northwestern University，2001.

［22］Laffont J J，Martimort D. Collusion and Delegation［J］. Rand Journal of Economics，1998（29）：280－305.

［23］Laffont J J，Martimort D. Mechanism Design with Collusion and Correlation［J］. Econometrica，2000（68）：309－342.

［24］罗建兵. 合谋的生成与制衡——理论分析与来自东亚的证据［D］. 上海：复旦大学，2006.

［25］闫邹先，尚秋芬. 媒体监督、公司性质与上市公司合谋［J］. 山东社会科学，2008（5）：100－103.

［26］Kofman F，Lawarree J. Collusion in Hierarchical Agency［J］. Econometrica，1993（61）：629－ 656.

［27］Faure Grimaud A，Laffont J J，Martimort D. Collusion，Delegation and Supervision with Soft Information［J］. The Review of Economic Studies，2003（70）：253－279.

［28］Baliga S，Sjöström T. Decentralization and Collusion［J］. Journal of Economic Theory，1998（83）：196－232.

［29］Grimaud F，Laffont J J. Collusion，Delegation and Supervision with Soft Information［J］. Review of Economic Studies，2003，70（2）：253－279.

［30］孟大文. 非对称信息下防范合谋的政府采购机制设计［J］. 财经问题研究，2007（11）：31－38.

［31］王加灿. 企业内部控制系统中的合谋行为及其防范机制研究［J］. 中国注册会计师，2011（10）：77－80.

[32] 陈志俊，邱敬渊. 分而治之：防范合谋的不对称机制 [J]. 经济学季刊，2003 (3)：195－216.

[33] 刘锦芳. 阻止合谋的“囚徒困境”博弈分析：对国企监管的启示 [J]. 审计研究，2009 (5)：58－64.

[34] Cont W. Essays on Contract Design：Delegation and Agency Problems，and Monitoring Under Collusion [D]. Los Angeles：University of California Los Angeles，2001.

[35] Porta R L，Lopez De Silanes F，Shleifer A，Vishny R W. Law and Finance [J]. Journal of Political Economy，1998，106 (6)：1113－1155.

[36] Johnson S，Porta R L，Lopez De Silanes F，Shleifer A. Tunneling [J]. American Economic Review Papers and Proceedings，2000，90 (2)：22－27.

[37] Porta R L，Lopez De Silanes F，Shleifer A. Investor Protection and Corporate Governance [J]. Journal of Finance Economics，2000 (58)：3－27.

[38] Porta R L，Lopez De Silanes F，Shleifer A，Vishny R W. Investor Protection and Corporate Valuation [J]. Journal of Finance，2002，57 (3)：1147－1170.

[39] Zimper A，Hassanb S. Can Industry Regulators Learn Collusion Structures from Information Efficient Asset Markets? [J]. Economics Letters，2012，116 (1)：1－4.

[40] Fonseca M A，Normann H T. Explicit vs. Tacit Collusion—The Impact of Communication in Oligopoly Experiments [J]. European Economic Review，2012，56 (8)：1759－1772.

[41] Bian Junsong，Lai Kin Keung，Hua Zhongsheng. Upstream Collusion and Downstream Managerial Incentives [J]. Economics Letters，2013，118 (1)：97－100.

[42] 平新乔，李自然. 上市公司信息披露中的勾结问题 [A]. 平新乔，宋敏，张俊喜. 治理结构、证券市场与银行改革 [C]. 北京：北京大学出版社，2003：156－162.

[43] 刘俏，陆洲. 公司资源的“隧道效应”——来自中国上市公司的证据 [A]. 平新乔，宋敏，张俊喜. 治理结构、证券市场与银行改革 [C]. 北京：北京大学出版社，2003：163－168.

[44] 潘越，戴亦一，魏诗琪. 机构投资者与上市公司“合谋”了吗：基于高管非自愿变更与继任选择事件的分析 [J]. 南开管理评论，2011 (2)：69－81.

[45] 蔡宁，魏明海. 股东关系、合谋与大股东利益输送——基于解禁股份交易的研究 [J]. 经济管理，2011 (9)：63－74.

[46] 蔡庆丰，李鹏. 代理人合谋与控制权私人收益的再分配 [J]. 中南财经政法大学学报，2008 (1)：92－97.

[47] 严也舟，王祖山. 大股东—管理者合谋与监督效率——基于中国上市公司的经验证据 [J]. 特区经济，2009 (12)：115－116.

[48] 窦炜. 股权集中、控制权配置与公司非效率投资行为——兼论大股东的监督抑或合谋 [J]. 管理科学学报，2011 (11)：81－96.

[49] 严也舟，李竟婧. 上市公司大股东与管理者合谋的防范对策 [J]. 郑州航空工业管理学院学报，2012 (1)：55—58.

[50] Sherstyuk K，Dulatre J. Market Performance and Collusion in Sequential and Simultaneous Multi-object Auctions [J]. International Journal of Industrial Organization，2008，26 (2)：557—572.

[51] Dequiedt V. Efficient Collusion in Optimal Auctions [J]. Journal of Economic Theory，2007，136 (1)：302—323.

[52] Aoyagi M. Efficient Collusion in Repeated Auctions with Communication [J]. Social Science Electronic Publishing，2002，134 (1)：61—92.

[53] Fonseca M A，Normann H. Explicit vs. Tacit Collusion：The Impact of Communication in Oligopoly Experiments [J]. Hans-Theo Normann，2012，56 (8)：1759—1772.

[54] Hu A，Offerman T，Onderstal S. Fighting Collusion in Auction：An Experimental Investigation [J]. International Journal of Industrial Organization，2011，29 (1)：84—96.

[55] Aryal G，Gabrielli M F. Testing for Collusion in Asymmetric First Price Auctions [J]. International Journal of Industrial Organization，2011，31 (1)：26—35.

[56] Jones L，Manuelli R. A Positive Model of Growth and Pollution Controls [R]. NBER Working Paper，1995.

[57] Martinez Alier J. Distributional Issues in Ecological Economics [J]. Review of Social Economy，1995，53 (4)：511—528.

[58] Magnani E. The Environmental Kuznets Curve，Environmental Protection Policy and Income Distribution [J]. Ecological Economics，2000，32 (3)：431—433.

[59] Grossman G M，Krueger A B. Environmental Impacts of a North American Free Trade Aggrement [J]. Social Science Electronic Publishing，1992，8 (2)：223—250.

[60] Panayotou T. Empirical Tests and Policy Analysis of Environmental Degradation at Different Stages of Economic Development [R]. IIo Working Papers，1993.

[61] Fodha M，Zaghdoud O. Economic Growth and Pollutant Emissions in Tunisia：An Empirical Analysis of the Environmental Kuznets Curve [J]. Energy Policy，2010，38 (2)：1150—1156.

[62] Criado C O，Valente S，Stengos T. Growth and Pollution Convergence：Theory and Evidence [J]. Journal of Environmental Economics & Management，2011，62 (2)：199—214.

[63] 李周，包晓斌. 中国环境库兹涅兹曲线的估计 [J]. 科技导报，2002 (4)：57—58.

[64] 刘小丽，孙红星. 中国国民经济增长与 CO_2 排放量的关系研究 [J]. 工业技术经济，2009 (2)：74—77.

[65] 郭军华，李帮义. 中国经济增长与环境污染的协整关系研究——基于1991—2007年省际面板数据 [J]. 数理统计与管理，2010 (3)：281－292.

[66] 张娟. 经济增长与工业污染：基于中国城市面板数据的实证研究 [J]. 贵州财经学院学报，2012 (4)：32－36.

[67] Walter I, Lgelow J L. Environmental Policies in Developing Countries [J]. Technology, Development and Environmental Impact, 1979, 8 (2－3): 102－109.

[68] Walter I. Environmentally Induced Relocation to Developing Countries [M]. U. K: Allanheld Osmun, 1982: 45－47.

[69] Dean J M. Trade and the Environment: A Survey of the Literature [R]. World Bank Discussion Papers, 1992.

[70] Copeland B R, Taylor M S. Trade and Environment: A Partial Synthesis [J]. American Journal of Agricultural Economics, 1995, 11 (3): 756 －771.

[71] Esty D C. Greening the GATT: Trade, Environment and the Future [J]. Journal of Rural Studies, 1997, 13 (3): 371.

[72] Javorcik B S, Wei S J. Pollution Havens and Foreign Direct Investment: Dirty Secret or Popular Myth? [R]. NBER Working Paper, 2001.

[73] Eskeland G S, Harrison A E. Moving to Greener Pastures? Multinationals and the Pollution Haven Hypothesis [J]. Journal of Development Economics, 2003, 70 (1): 1－ 23.

[74] Lucas R E B, Wheeler D, Hettige H. Economic Development, Environmental Regulation and the International Migration of Toxic Industrial Pollution: 1960—1988 [R]. World Bank Discussion Paper, 1992.

[75] Mani M, Wheeler D. In Search of Pollution Havens? Dirty Industry in the World Economy, 1960 to 1995 [J]. Journal of Environment and Development, 1998, 7 (3): 215－247.

[76] Xing Y, Kolstad C D. Do Lax Environmental Regulations Attract Foreign Investment? [J]. Environmental and Resource Economics, 2002, 21 (1): 1－22.

[77] Keller W, Levinson A. Pollution Abatement Costs and FDI Inflows to U. S. States [J]. Review of Economics and Statistics, 2002, 84 (4): 691－703.

[78] Pigou A C. The Economics of Welfare, Maclillan [M]. London: Forth Edition, 1932: 24－35.

[79] 霍斯特·西伯特. 环境经济学 [M]. 北京：中国林业出版社，2001：52－65.

[80] 杨凤娟. 从经济学及博弈角度分析环境污染 [J]. 生产力研究，2007 (9)：6－7.

[81] 栗凤娟，郭成苇. 利用博弈模型分析环境的污染与治理 [J]. 开封教育学院学报，2005 (4)：63－64.

[82] 王鹏飞. 环境污染问题的经济根源与对策 [J]. 经济问题，2007 (5)：47－49.

[83] 诺斯. 制度、制度变迁与经济绩效 [M]. 上海：格致出版社，上海三联书店，上海人民出版社，2008：16－19.

[84] 陆铭，潘慧. 政企纽带——民营企业家成长与企业发展 [M]. 北京：北京大学出版社，2009：26－28.

[85] Oates W E，Schwab R M. The Theory of Regulatory Federalism：The Case of Environmental Management [A]. Oates W E. The Economics of Environmental Regulation [C]. Cheltenham，UK and Brookfield，USA：Edward Elgar，1996：319－331.

[86] Breton A，Salmon P. Environmental Governance in France：Forces Shaping Centralization and Decentralization [A]. Breton A，Brosio G，Dalmazzone S，Garrone G. Environmental Governance and Decentralization：Coimtry Studies [C]. Cheltenham，U K and Northampton，MA：Edward Elgar，2007.

[87] Sigman H. Decentralization and Environmental Quality：An International Analysis of Water Pollution [R]. NBER Working Paper，2007.

[88] Revesz R L. Federalism and Interstate Environmental Externalities [J]. University of Pennsylvania Law Review，1996：2341－2416.

[89] Scott A D. Assigning Powers over the Canadian Environment [A]. Galeotti G，Salmon P，Wintrobe R. Competition and Structure：Essays in Honor of Albert Breton [C]. Cambridge and New York：Cambridge University Press，2000.

[90] Sigman H. International Spillovers and Water Quality in Rivers：Do Countries Free Ride? [J]. American Economic Reviews，2002，92 (4)：1152－1159.

[91] Sigman H. Transboundary Spillovers and Decentralization of Environmental Policies [J]. Journal of Environmental Economics & Management，2004，50 (1)：82－101.

[92] Helland E，Whitford A B. Pollution Incidence and Political Jurisdiction：Evidence from the TRI [J]. Journal of Environment，Economic，Management，2003，46 (3)：403－424.

[93] Lipscomb M，Mobarak A M. Decentralization and Water Pollution Spillovers：Evidence from the Redrawing of County Boundaries in Brazil [R]. Yale School of Management，2007.

[94] Lockwood B. Distributive Politics and the Costs of Centralization [J]. Review of Economic Studies，2002，69 (69)：313－337.

[95] Revesz R L. Federalism and Environmental Regulation：A Public Choice Analysis [J]. Harvard Law Review，2001，115 (2)：553－641.

[96] Farzanegan M R，Mennel T. Fiscal Decentralization and Pollution：Institutions Matter [R]. MAGKS Joint Discussion Paper Series on Economics，2012.

[97] Assetto V J，Hajba E，Mummea S P. Democratization，Decentralization and Local Environmental Policy Capacity：Hungary and Mexico [J]. Social Science Journal，2003，40

(2)：249－268.

[98] 杨瑞龙，章泉，周业安. 财政分权、公众偏好和环境污染——来自中国省级面板数据的证据 [R]. 中国人民大学经济学院经济所宏观经济报告，2007.

[99] 闫文娟. 财政分权、政府竞争与环境治理投资 [J]. 财贸研究，2012 (5)：91－97.

[100] 刘琦. 财政分权、政府激励与环境治理 [J]. 经济经纬，2013 (2)：127－132.

[101] 郭志仪，郑周胜. 财政分权、晋升激励与环境污染：基于1997—2010年省级面板数据分析 [J]. 西南民族大学学报 (人文社会科学版)，2013 (3)：103－107.

[102] 李猛. 财政分权与环境污染——对环境库兹涅茨假说的修正 [J]. 经济评论，2009 (5)：54－59.

[103] 张克中，王娟，崔小勇. 财政分权与环境污染：碳排放的视角 [J]. 中国工业经济，2011 (11)：65－75.

[104] 薛钢，潘孝珍. 财政分权对中国环境污染影响程度的实证分析 [J]. 中国人口资源与环境，2012 (1)：77－83.

[105] 闫文娟，钟茂初. 财政分权会增加环境污染吗 [J]. 财经论丛，2012 (5)：32－37.

[106] 蔡防，都阳，王美艳. 经济发展方式转变与节能减排内在动力 [J]. 经济研究，2008 (6)：

[107] 张欣怡. 财政分权下地方政府行为与环境污染问题研究——基于我国省级面板数据的分析 [J]. 经济问题探索，2015 (3)：32－41.

[108] 冉冉. “压力型体制”下的政治激励与地方环境治理 [J]. 经济社会体制比较，2013 (3)：111－118.

[109] 黄万华. 财政分权、晋升、环境规制失灵：一个政治经济学的分析框架 [J]. 理论导刊，2011 (4)：4－6.

[110] 于文超，高楠，查建平. 政绩诉求、政府干预与地区环境污染——基于中国城市数据的实证分析 [J]. 中国经济问题，2015 (5)：35－45.

[111] Huang Yasheng. Managing Chinese Bureaucrats：An Institutional Economics Perspective [J]. Political Studies，2002，50 (1)：61－79.

[112] 孙伟增，罗党论，郑思齐，万广华. 环保考核、地方官员晋升与环境治理——基于2004—2009年中国86个重点城市的经验证据 [J]. 清华大学学报 (哲学社会科学版)，2014 (4)：49－62.

[113] 张楠，卢洪友. 官员垂直交流与环境治理——来自中国109个城市市委书记 (市长) 的经验证据 [J]. 公共管理学报，2016 (1)：31－43.

[114] 王娟，张克中. 财政分权、地方官员与碳排放——来自中国省长、省委书记的证据 [J]. 现代财经 (天津财经大学学报)，2014 (9)：3－14.

[115] 于文超，高楠，龚强. 公众诉求、官员激励与地区环境治理 [J]. 浙江社会科学，

2014 (5): 23－35.

[116] Desai U. Ecological Policy and Politics in Developing Countries: Growth, Democracy and Environment [M]. Albany: State University of New York Press, 1998: 88－92.

[117] Lippe M. Corruption and Environment at the Local Level [R]. Transparency International Working Paper, 1999.

[118] Lopez R, Mitra S. Corruption, Pollution, and the Kuznets Environment Curve [J]. Journal of Environmental Economics and Management, 2000, 40 (2): 137－150.

[119] Welsch H. Corruption, Growth and the Environment: A Cross-Country Analysis [J]. Environment and Development Economics, 2004, 9 (5): 663－693.

[120] Morse S. Is Corruption Bad for Environmental Sustainability? A Cross-National Analysis [J]. Ecology and Society, 2006, 11 (1): 22－36.

[121] Cole M A. Corruption, Income and the Environment: An Empirical Analysis [J]. Ecological Economics, 2007, 62 (3): 637－647.

[122] Leitao A. Corruption and the Environmental Kuznets Curve: Empirical Evidence for Sulfur [J]. Ecological Economics, 2010, 69 (11): 2191－2201.

[123] Fisman R, Svensson J. Are Corruption and Taxation Really Harmful to Growth? Firm Level Evidence [J]. Journal of Developement Economics, 2007, 83 (1): 63－75.

[124] Pellegrini L, Gerlagh R. An Empirical Contribution to the Debate on Corruption, Democracy and Environmental Policy [R]. FEEM Working Paper, 2005.

[125] Pellegrini L, Gerlagh R. Corruption and Environmental Policies: What Are the Implications for the Enlarged EU [J]. European Environment, 2006, 16 (3): 139－154.

[126] He J, Makdissi P, Wodon Q. Corruption, Inequality, and Environmental Regulation [R]. Cahiers de Recherche Working Paper, 2007.

[127] Ivanova B K. Corruption and Air Pollution in Europe [J]. Oxford Economic Papers, 2011, 63 (1): 49－70.

[128] Smarzynska B K, Wei S J. Pollution Havens and Foreign Direct Investment: Dirty Secret or Popular Myth [R]. World Bank Policy Research Working Paper, 2001.

[129] Damania R, Fredriksson P G, List J A. Trade Liberalization, Corruption, and Environmental Policy Formation: Theory and Evidence [J]. Journal of Environmental Economics and Management, 2003, 46 (3): 490－512.

[130] Cole M A, Elliott R, Fredriksson P G. Endogenous Pollution Havens: Does FDI Influence Environmental Regulations [J]. Scandinavian Journal of Economics, 2006, 108 (1): 157－178.

[131] Rehman F U, Ali A, Nasir M. Corruption, Trade Openness, and Environmental Quality: A Panel Data Analysis of Selected South Asian Countries [J]. Pakistan Development

Review，2007，46 (4)：673－688.

[132] Morse S. Is Corruption Bad for Environmental Sustainability? A Cross-National Analysis [J]. Ecology and Society，2006，11 (1)：22－36.

[133] Dincer O C，Gunalp B. Corruption，Income Inequality，and Poverty in the United States [R]. FEEM Working Paper，2008.

[134] 周黎安，陶婧. 政府规模、市场化与地区腐败问题研究 [J]. 经济研究，2009 (1)：57－69.

[135] 李子豪，刘辉煌. 腐败加大了中国的环境污染吗——基于省级数据的检验 [J]. 山西财经大学学报，2013 (7)：1－11.

[136] 郑周胜，黄慧婷. 地方政府行为与环境污染的空间面板分析 [J]. 统计与信息论坛，2011 (10)：52－57.

[137] 郭志仪，郑周胜. 财政分权、晋升激励与环境污染：基于1997—2010年省级面板数据分析 [J]. 西南民族大学学报（人文社会科学版)，2013 (3)：103－107.

[138] 阚大学，吕连菊. 对外贸易、地区腐败与环境污染——基于省级动态面板数据的实证研究 [J]. 世界经济研究，2015 (1)：120－126.

[139] 李子豪，刘辉煌. 外商直接投资、地区腐败与环境污染——基于门槛效应的实证研究 [J]. 国际贸易问题，2013 (7)：50－61.

[140] 徐雯雯. 政府腐败对中国碳排放的影响研究 [D]. 长沙：湖南大学，2014.

[141] Torras M，Boyce J K. Income，Inequality and Pollution：A Reassessment of the Environmental Kuznets Curve [J]. Ecological Economics，1998 (25)：147－160.

[142] Fazin Y H，Bond C A. Democracy and Environmental Quality [J]. Journal of Development Economics，2006 (1)：213－235.

[143] 赫希曼. 退出、呼吁与忠诚 [M]. 北京：经济科学出版社，2001：75－78.

[144] 郑思齐，万广华，孙伟增，等. 公众诉求与城市环境治理 [J]. 管理世界，2013 (6)：72－84.

[145] 张彩云，郭艳青. 中国式财政分权、公众参与和环境规制——基于1997—2011年中国30个省份的实证研究 [J]. 南京审计学院学报，2015 (6)：13－23.

[146] 于文超，高楠，龚强. 公众诉求、官员激励与地区环境治理 [J]. 浙江社会科学，2014 (5)：23－35.

[147] 于文超. 公众诉求、政府干预与环境治理效率——基于省级面板数据的实证分析 [J]. 云南财经大学学报，2015 (5)：132－139.

[148] 聂辉华，李金波. 政企合谋与经济发展 [J]. 经济学（季刊)，2006，6 (1)：75－90.

[149] 聂辉华. 政企合谋与经济增长：反思中国模式 [M]. 北京：中国人民大学出版社，2013：1－48.

[150] Blanchard O，Shleifer A. Federalism with and without Political Centralization:

China Versus Russia [R]. NBER Working Paper, 2000.

[151] Qian Yingyi. How Reform Worked in China? [A]. Rodrik D. Search of Prosperity: Analytic Narratives on Economic Growth [C]. Princeton University Press, 2003: 297-333.

[152] Halper S. The Beijing Consensus: How China's Authoritarian Model will Dominate the Twenty-first Century [M]. New York: Basic Books, 2010: 54-56.

[153] 阿里夫·德里克."中国模式"理念：一个批判性分析 [J]. 国外理论动态，2011 (7): 15-27.

[154] Xu Chenggang. The Fundamental Institutions of China's Reform and Development [J]. Journal of Economic Literature, 2011, 49 (4): 1076-1151.

[155] 聂辉华. 政企合谋：理解"中国之谜"的新视角 [J]. 阅江学刊，2016 (12): 5-15.

[156] 杨其静，聂辉华. 保护市场的联邦主义及其批判 [J]. 经济研究，2008 (3): 99-114.

[157] 陈雪梅，王志勇. 地方官员阅历与能源强度——基于 2000—2010 年省级面板数据的分析 [J]. 世界经济文汇，2014 (1): 105-120.

[158] 梁平汉，高楠. 人事变更、法制环境和地方环境污染 [J]. 管理世界，2014 (6): 65-78.

[159] 韦香. FDI、中国的官员晋升激励与环境污染 [D]. 济南：山东财经大学，2012.

[160] 熊波，张惠，卢盛峰. 官员交流与环境保护——来自省长、省委书记交流的经验证据 [J]. 中国地质大学学报 (社会科学版)，2016 (6): 64-75.

[161] 臧传琴，初帅. 地方官员特征、官员交流与环境治理——基于 2003—2013 年中国 25 个省级单位的经验证据 [J]. 财经论丛，2016 (11): 105-112.

[162] 罗涛，邢祖礼，樊纲治. 不确定环境下的威权机制与经济发展 [J]. 系统工程理论与实践，2014 (10): 2526-2538.

[163] 聂辉华，蒋敏杰. 政企合谋与矿难：来自中国省级面板数据的证据 [J]. 经济研究，2011 (6): 146-156.

[164] 张莉，徐现祥，王贤彬. 地方官员合谋与土地违法 [J]. 世界经济，2011 (3): 72-88.

[165] 张莉，高元骅，徐现祥. 政企合谋下的土地出让 [J]. 管理世界，2013 (12): 43-51.

[166] 聂辉华，李翘楚. 中国高房价的新政治经济学解释——以"政企合谋"为视角 [J]. 教学与研究，2013 (1): 146-156.

[167] 王永明，宋艳伟. 政企合谋与信贷资源配置 [J]. 广东金融学院学报，2010 (5): 62-71.

[168] 范子英，田彬彬. 政企合谋、企业逃税——来自国税局长异地交流的证据 [J].

经济学（季刊），2016（7）：1303－1327.

[169] 墨绍山. 环境群体事件危机管理：发生机制及干预对策 [J]. 西北农林科技大学学报（社会科学版），2013（05）：145－151.

[170] Jin Hehui，Qian Yingyi，Weingast Barry R. Regional Decentralization and Fiscal Incentives：Federalism，Chinese Style [J]. Journal of Public Economics，2005，89（9－10）：1719－1742.

[171] Montinola G，Qian Yingyi，Weingast B R. Federalism，Chinese Style：The Political Basis for Economic Success in China [J]. World Politics，1995，48（1）：50－81.

[172] 卢现祥，王宇，陈金星. 低碳转型中的政企合谋行为及其破解机制 [J]. 攀登，2012（2）：130－134.

[173] 张国兴，张绪涛，程素杰，等. 节能减排补贴政策下的企业与政府信号博弈模型 [J]. 中国管理科学，2013（4）：129－136.

[174] 李国平，张文彬. 地方政府环境规制及其波动机理研究——基于最优契约设计视角 [J]. 中国人口·资源与环境，2014（10）：24－31.

[175] 张跃胜，袁晓玲. 环境污染防治机理分析：政企合谋视角 [J]. 河南大学学报（社会科学版），2015（4）：62－68.

[176] 张春英. 中央政府、地方政府、企业关于环境污染的博弈分析 [J]. 辽宁科技学院学报，2008，10（4）：47－49.

[177] 贺立龙，陈中伟，张杰. 环境污染中的合谋与监管：一个博弈分析 [J]. 青海社会科学，2009（1）：33－38.

[178] 王杰. 动态视角下的环保监管——基于合谋与防范博弈的分析 [J]. 中国集体经济，2009（11）：25－26.

[179] 任玉珑，王恒炎，刘贞. 环境监管中的合谋博弈分析与防范机制 [J]. 统计与决策，2008（17）：45－47.

[180] 陈明艺，裴晓东. 我国污染管制中三方博弈问题研究 [J]. 科技与管理，2012（1）：43－47.

[181] 薛红燕，王怡，孙菲，等. 基于多层委托—代理关系的环境规制研究 [J]. 运筹与管理，2013（6）：249－255.

[182] 王斌. 环境污染治理与规制博弈研究 [D]. 北京：首都师范大学，2013.

[183] 龙硕，胡军. 政企合谋视角下的环境污染：理论与实证研究 [J]. 财经研究，2014（10）：131－144.

[184] 张俊，钟春平. 政企合谋与环境污染——来自中国省级面板数据的经验证据 [J]. 华中科技大学学报（社会科学版），2014（4）：89－97.

[185] 袁凯华，李后建. 政企合谋下的策略减排困境——来自工业废气层面的度量考察 [J]. 中国人口·资源与环境，2015（1）：134－141.

[186] 罗建兵，许敏兰. 合谋理论的演进与新发展 [J]. 产业经济研究，2007（3）：

56－61.

［187］罗建兵. 合谋理论研究述评［J］. 经济学动态，2005（10）：94－99.

［188］Laffont J J，Martimort D. Collusion Under Asymmetric Information［J］. Econometrica，1996，65（4）：875－911.

［189］Bardhan P，Mookherjee D. Capture and Governance at Local and National Levels［J］. American Economic Review，2000，90（2）：135－139.

［190］Qian Yingyi，Weingast Barry R. China's Transition to Markets：Market-Preserving Federalism，Chinese Style［J］. Journal of Policy Reform，1996，1（2）：149－185.

［191］吕冰洋，聂辉华. 中国分税制的契约性质、经济影响及改革［R］. 中国人民大学工作论文，2012.

［192］Acemoglu D. Modeling Inefficient Institutions［R］. Proceedings of 2005 World Congress，2005.

［193］胡平生，陈突兰. 礼记孝经［M］. 上海：中华书局，2007：23－25.

［194］亚里斯多德. 政治学［M］. 北京：商务印书馆，1997：43－44.

［195］洛克. 政府论［M］. 北京：商务印书馆，1996：35－36.

［196］卢梭. 社会契约论［M］. 北京：商务印书馆，2011：28－29.

［197］布坎南. 自由、市场和国家［M］. 北京：北京经济学院出版社，1988：24－25.

［198］唐斯. 官僚制内幕［M］. 北京：中国人民大学出版社，2006：45－46.

［199］尼斯坎南. 官僚制与公共经济学［M］. 北京：中国青年出版社，2004：47－48.

［200］Niskanen W. Burerucracy and Representative Government［M］. Chicago：Aldine Atherton，1971：56－58.

［201］布坎南，塔洛克. 同意的计算——立宪民主的逻辑基础［M］. 北京：中国社会科学出版社，2000：65－66.

［202］周黎安. 晋升博弈中政府官员的激励与合作——兼论我国地方保护主义和重复建设问题长期存在的原因［J］. 经济研究，2004（6）：33－40.

［203］何智美，王敬云. 地方保护主义探源——一个晋升博弈模型［J］. 山西财经大学学报，2007（5）：1－6.

［204］Blanchard O，Shleifer A. Federalism with and without Political Centralization［R］. IMF Working Paper，2001.

［205］Pellegrini L，Gerlagh R. Corruption and Environmental Policies：What Are the Implications for the Enlarged EU?［J］. European Environment，2006，15（3）：332－354.

［206］Smarzynska B K，Wei S J. Pollution Havens and Foreign Direct Investment：Dirty Secret or Popular Myth?［R］. Geneva：World Bank，2001：26－73.

［207］周黎安. 中国地方官员的晋升锦标赛模式研究［J］. 经济研究，2007（7）：36－50.

[208] 张军，高远. 官员任期、异地交流与经济发展：来自省级经验的证据 [J]. 经济研究，2007 (11)：91-103.

[209] 陈刚，李树. 官员交流、任期与反腐败 [J]. 世界经济，2012 (2)：120-142.

[210] Li Hongbin, Zhou Li-an. Political Turnover and Economic Performance: the Incentive Role of Personnel Control in China [J]. Journal of Public Economics, 2005, 89 (9-10): 1743-1762.

[211] Shleifer A, Summers L. Breach of Trust in Hostile Takeovers [R]. NBER Working Paper, 1987.

[212] 周黎安，陶婧. 政府规模、市场化与地区腐败问题研究 [J]. 经济研究，2009 (1)：57-69

[213] 徐现祥，王贤彬. 晋升激励与经济增长：来自中国省级官员的证据 [J]. 世界经济，2010 (2)：15-36.

[214] 盛斌，吕越. 外国直接投资对中国环境的影响——来自工业行业面板数据的实证研究 [J]. 中国社会科学，2012 (5)：54-75.

[215] Koenker R, Bassett G. Regreesion Quantiles [J]. Econometrica, 1978 (46): 33-49.

[216] 霍晓英. 投资环境排名与蒂布特模型的重新解读——地方政府公共服务优化的动力 [J]. 经济问题，2007 (2)：45-46.

后　记

呈现在读者面前的这本专著是基于我的博士学位论文，并在教育部人文社会科学研究青年基金项目的基础上进行拓展而成。博士论文选题得到我的博士生导师陈淮教授的肯定，从选题、论证、修改到定稿无不凝结着导师的智慧和心血。导师是时代的智者，具有严谨的治学态度，对中国经济的洞察力让我景仰不已，他对待生活豁达乐观的态度也深深地感染着我，使我不仅在学业上受益匪浅，而且学到了许多为人为师的道理。在此，非常感谢导师给予的关怀和帮助。

本书的理论模型源于诺贝尔经济学奖获得者梯诺尔等人提出的经典组织经济学理论，并受到长江学者（青年）、中国人民大学国家发展与战略研究院常务副院长聂辉华教授提出的地方政企合谋理论框架的启发，本书理论部分正是在此基础上进行了拓展。可以说，没有聂教授在组织经济学领域做出的这一开创性贡献，我是很难完成这本著作的。在本书完成过程中，聂教授给予我很多实际的指导。对聂教授的付出，在此表示深深的敬意。

感谢导师组的迟福林教授、樊纲教授、常修泽教授、孙立平教授、曹远征教授、殷仲义教授、张占斌教授等专家，他们是中国经济学界的权威，给了我很多指导和帮助。感谢东北大学李凯教授为我的博士论文把关，并给予很多宝贵的意见。感谢海南大学傅国华教授、黄崇利教授、李德芳教授、张云阁教授、李世杰教授等领导的关心和支持，感谢同门余勇晖博士、蔡文龙博士给予的指导和帮助。感谢所有在本书写作中指点和帮助过我的同学、同事和朋友们。

最后，感谢我的家人。感谢我的父母，感谢他们的鼓励。感谢我的妻子刘民培女士，一直理解和支持我。感谢宝贝女儿善解人意，活泼开朗，是我开心的源泉。感谢刚出生的儿子，他的到来给了我继续奋斗的动力。

感谢四川大学出版社编辑部的老师，是他们的辛勤劳动才使得本书完整地呈现在读者面前。

颜洪平

2018 年 9 月 10 日于海口